U0360256

大学·知识·政策

国家自然科学基金重点项目
"面向国家重大需求的研究生教育治理体系"（72134001）阶段性成果

新型无形学院

促进科学发展的全球网络

THE NEW INVISIBLE COLLEGE

SCIENCE FOR DEVELOPMENT

 上海交通大学出版社
SHANGHAI JIAO TONG UNIVERSITY PRESS

【美】卡罗琳·瓦格纳（Caroline S. Wagner） 著

赵世奎 吴 彬 等译

图书在版编目(CIP)数据

新型无形学院:促进科学发展的全球网络/(美)
卡罗琳·瓦格纳(Wagner C. S.)著;赵世奎等译.
上海:上海交通大学出版社,2025.1—ISBN 978-7-313-
31574-8

Ⅰ.G3

中国国家版本馆 CIP 数据核字第 2024E4W767 号

新型无形学院:促进科学发展的全球网络
XINXING WUXING XUEYUAN: CUJIN KEXUE FAZHAN DE
QUANQIU WANGLUO

著　者:[美]卡罗琳·瓦格纳		译　者:赵世奎 吴 彬 等	
出版发行:上海交通大学出版社		地　址:上海市番禺路 951 号	
邮政编码:200030		电　话:021-64071208	
印　制:上海盛通时代印刷有限公司		经　销:全国新华书店	
开　本:880mm×1230mm　1/32		印　张:7.75	
字　数:148 千字			
版　次:2025 年 1 月第 1 版		印　次:2025 年 1 月第 1 次印刷	
书　号:ISBN 978-7-313-31574-8			
定　价:69.00 元			

版权所有　侵权必究
告读者:如发现本书有印装质量问题请与印刷厂质量科联系
联系电话:021-37910000

译者序

　　知识的交流和传播是知识生产与科学发展的必要环节。大约 17 世纪,在科学发展的早期,牛顿、波义尔等学者在独立开展研究的同时,就通过松散的科学聚会以及书信往来相互分享信息和观点。波义耳在写给法国友人的信中,用"无形学院"描述了这种相互交流的小团体。20 世纪,美国著名科学计量学家普赖斯(Derek de Solla Price)在其所著的《小科学·大科学》一书中,把科学家通过信息交流形成的看不见的科学家群体称为"无形学院"。美国著名科学社会学家默顿(Robert Ring Merton)认为,可以把无形学院解释为地理上分散的科学家集簇,这些科学家彼此之间的相互影响,要比更大范围科学共同体的其他成员更为有效。

自组织网络:
科学合作与知识生产的新模式

　　无形学院作为科学家关注的重要概念,主要探讨的是科学内部的社会结构及其与知识生产的关系,黛安娜·克兰(Diana Crane)的《无形学院:知识在科学共同体中的扩散》和本书都是这类研究的代表之作。本书明确指出,无形学院是科学组织的主导形式。无形学院的本质是研究者之间形成的交流网络,而推动无形学院建立和发展的关键动力在于科学家能够从无形学院中各取所需。显然,与院系、研究所等行政性组织不同,无形学院的成员因共同的研究兴趣或研究问题而汇聚在一起。这决定了无形学院更依赖于科学家之间非正式的联系,更加体现出灵活多变、按需重组的特点。促进科学家合作的动力,不是来自外部的强制规定或硬性要求,而是因为他们自身有合作的意愿,即他们可以为彼此提供互补的见解、知识或技能。换言之,无形学院要求参与者必须共享有价值的信息或提供互补性资源。由此不难理解,尽管网络可能会对新成员开放,但潜在的新成员必须有一些东西可以分享,例如经验或资源,才能融入这一网络。无形学院发展的方向是由科学家之间的互动塑造的,科学家通过决定开展何种类型的研究、与谁合作,以及何时、何地、如何进行研究,共同决定了科学活动如何形成以及知识如何发展。

全球化视角下的自组织网络: 当代科学组织形式的变革

　　所谓新型无形学院的"新",主要体现在无形学院的全球化上。随着科学家合作规模和范围的扩大，一张覆盖全球的合作网络逐渐形成。这个横跨全球、由研究人员构成的自组织网络，成为当代科学最显著的特征。特别需要指出的是，尽管设备共享、资源获取等因素在不同学科领域存在差异，但所有学科领域都呈现出国际合作的快速增长态势。国际科学网络规模的快速增长，推动科学结构发生了根本性的转变，即从一些较小的、以国家为基础的科学家团体，转向一个与世界上其他国家相互联系的全球性网络，同时，在网络中也包括了许多较小的集群。正是这种转变，使科学的影响范围拓展到全球层面。科学研究可以在不同层面上展开，从地方到区域乃至全球，其深度和广度由研究的具体规模和范围所决定。也就是说，科学已演化为一种国际共享的公共产品，能够跨越国界促进全球社会经济的发展，使得任何一个区域都能吸纳并应用科学知识，而不必非得是科学知识的原创地。

但是，覆盖全球的新型无形学院并没有改变科学能力分布不平衡的现实。在合作交流范围越发拓展的同时，科学家在地理上的聚集有加强的趋势。一方面，相当多的学科依赖于大规模、昂贵的设备才能推进研究，人们也更倾向于与顶尖科学家合作。因而，受设备、研发经费、顶尖学者等累积优势的影响，研发力量与合作常常高度聚集，科学能力在区域分布上更加高度集中。另一方面，无形学院实际上加强了人员的流动，从而进一步强化了人员的聚集性，有的研究用"人才流失"来形容这一趋势。当然，无形学院也可以促进知识的流动与跨地域应用，使得科学可以从一个地方转移到另一个地方来解决问题和应对挑战。同时，尽管快速兴起的网络使得科学的结构更加开放、透明，这为那些较贫穷国家参与全球科学体系创造了新的、更可行的机会，但遗憾的是，连接全球科学网络从而获得收益的能力也是不平衡的。简言之，虽然全球科学网络是开放的，但并非所有人都可以平等地运用。虽然对所有国家而言，获取知识和创造知识的能力，以及由此获得的收益都比以前有了明显提高，但融入科学网络的能力和进程在不同发展水平国家之间存在显著的差异，传统上占据知识生产核心位置的国家能力更强、进程更快。

后发国家与全球科学网络：
融入与应用的关键

如何更好地融入全球网络，从而更好地运用现代科学知识促进自身发展，是后发国家面临的关键命题。通常有两种方法：一种方法是提高本土的知识生产能力，另一种方法是提高本土的知识运用能力。过去，政策的重心普遍放在增强本土的知识生产能力上，主要举措包括复制发达国家科学机构的主要元素。但由于聚集效应的存在，后发国家很难打破既有的累积优势吸引顶尖科学家，从而在发达国家之外建立新的科技创新中心。因此，本书作者认为，后发国家应更多地专注于独特的本地资源或独具吸引力的问题，利用新型无形学院形成一个新的中心，从而更好地应用其他地方生产的科学知识。具体而言，一方面需要提高本地的科学应用能力。尽管有些知识可以轻易地被本地吸收，但大多数领域的知识仍然需要大量经过培训的人员才能够理解，甚至需要相当数量的本地人才来解决吸收、应用中的挑战。显然，增加有针对性的投入才能使得本地拥有与科学网络连接的能力。另一方面，要建立与全球科学网络的广泛连接。这既需要制定激励措施、利用"优先依附"规则形成最有效的研究人员组织，也需要将科学成果应用于当地最亟待解决的问题。总之，就是要确保科学研究的资源和成果能够从当地获得，在当地反馈，使当地受益。从政策上来说，政策制定者要重点关注科技研发与科学交流的支持系统，把支持科学能力的基础设施纳入关注的视野。同时，加强科学支持系统的关键不在于简单的资助，而在于通过整合和重组，充分运用多种形式（公共的或私人的、国际的或国内的、商业的或非营利的、购买的或共享的）的资源。

瓦格纳：
超越国界的全球科学治理体系

促进新型无形学院的发展需要超越国家的治理体系。正是科学网络的全球化，使得网络的所有部分都相互作用、相互依存，没有任何一个国家能够独自拥有完整的科学体系。为了促进科学的快速发展，本书作者呼吁，要在全球范围内创建最开放和流动的学术交流系统，从而建设一个开放、交互、进化的知识体系。为此，科学政策需要遵循两个关键原则，一个是对科学研究的开放资助，另一个是对资源和成果的开放获取。本书作者认为，当代政策制定者应超越国家体系之外，建立一套新的治理体系，通过科学发展与国家利益的"解耦"，凸显科学研究的合作属性、价值属性和开放属性，以便更好地利用地方、区域和全球层面的自组织科学网络。相比较而言，新系统和旧系统主要存在以下区别：旧系统是以国家利益为本，新系统则面向从地方到全球的整体层面；旧系统侧重按照科层体系进行组织，新系统则侧重提高知识创造效能的需要；旧系统强调为了建立竞争优势而进行战略性投资，新系统则强调为了促进知识整合要鼓励科学合作；旧系统专注知识的生产，新系统专注于知识的汲取与应用；旧系统的衡量标准是"投入"，而新系统的衡量标准是以提升社会福利为代表的"产出"；旧系统旨在维护国家利益，新系统则致力于推动国与国之间的开放和知识流动。总之，就是要使科学研究立足科学自身发展的需要，而不是基于狭隘的国家利益。但是，从现实发展看，作者的愿景尚没有得到实现，这种与国家利益"解耦"的治理体系也没有建立起来。相反，科学知识的垄断、人员流动的限制正在成为现实，新型无形学院建立的重要根基——研究者在全球范围内基于兴趣和机会的自由流动，正在遭到破坏。更进一步讲，虽然全球科学家仍然可以通过非正式的通信和正式的期刊交流观点,但是很多默会知识必须通过面对面的交流,乃至肩并肩的合作才能进行传递。可以预见,一些发达国家对研究者自由流动的限制直接影响了全国科学网络的运转。从更宏观的角度来看,科学知识的生产运用不可能与国家利益完全"解耦"。一方面,国家仍然是科学研究的主要资助者,另一方面,科学对国家发展的作用更加凸显。在这种情况下,建立一套超越国家的科学治理体系是不存在现实基础的。本书作者指出,在 20 世纪,科学沦落为国家之间权力斗争的工具,直到 20 世纪 90 年代初期才开始改变。现在来看,这种改变只是政治力量此消彼长过程中产生的一个窗口期,在可预见的未来二三十年内,科学的发展仍然会与国家利益紧密联系。

对于中国而言,本书的研究颇具价值。第一,完善学术治理要更加关注"无形学院"的发展。当前中国学术治理高度依赖对"有形学院"和行政组织的管理,对"无形学院"关注较少,也缺乏恰当的激励,容易导致管理与科研的脱节。第二,推动科学合作要更加强调"水到渠成"。推动跨组织协作、跨学科研究是当前的政策重心,但是很多合作往往是行政层面的"一厢情愿",落脚点往往是一纸协议,最后出现合作形式化、口号化的问题。本书从无形学院的角度指出,学者与其他人合作的动力在于能够从合作中获益,必须创造条件使得合作"水到渠成",而非简单依靠行政指令。第三,布局区域科技发展要更加重视科学应用能力的建设。总体而言,当前各地方的科技发展体现出"重物轻人"的倾向,对知识生产的重视远重于知识应用。事实上,我们需要认识到,在当前科学资源分布高度聚集的背景下,很难快速提高一个区域的知识生产能力。但是,在新型无形学院的背景下,知识生产与知识消费可以在地理上分离。因而,加强与科学网络的联系,更好地应用已有知识促进地方经济社会发展,应该成为地方科技政策关注的首要目标。

本书由赵世奎、吴彬统稿,博士生陈前放、都仁、高凌云、高源、刘玉赟、孙莉、吴雪姣负责初稿翻译,邹齐家、杜佳卉参与了全书的校译工作。感谢出版社姜艳冰、毕聪慧、赵斌玮老师提出的意见建议和细致、耐心的校对工作。

序

20世纪90年代末以来,随着全球化的加速发展和信息技术的繁荣兴起,许多"假先知"预言民族国家会走向消亡。他们声称,在互联网等新技术的推动下,资本、劳动力特别是信息,被赋予了前所未有的流动性,民族国家控制跨境流动的努力被视为倒行逆施、注定失败之举。专家们预测,随着治理架构从垂直化官僚体系向扁平化自治组织转变,国家自上而下强制控制的必要性将被消解。

然而事实证明,民族国家的生命力远比预测的更持久。尽管技术确实极大地促进了各种有形和无形资产的跨境流动,但国家还是能够提供某些独特的服务。例如,民族国家不仅拥有行使"公权垄断"的权利,能够在其领土上强力推动制度的执行,也拥有足够资源来提供经济学家所说的"公共产品",即那些私人市场不会生产、不仅用于满足个别人需求的产品。此外,世界并不是"扁平的",国家与我们生活的方方面面都紧密相关,比如收入、健康、教育和就业机会,以及其他反映生活质量的重要指标。我们还要意识到,除了国家提供的

"公共产品"，"公共危害"也会接踵而来，比如全球性疾病、恐怖主义以及争夺资源的政治斗争，如果不加控制，很容易在全球蔓延。为了应对这些问题，民族国家的存在仍然是必要的。最后，需要强调的是，并不是所有事物都能无缝地跨越国界——国家可以持续征收关税，补贴与政府关系密切的"国家龙头企业"；限制移民流动；控制信息和思想的获取渠道，尽管对思想的控制会更困难。从理论上来说，任何违背全球化内在规定性的事物都会被全球化抑制，从而使全球化成为一个不断自我强化的系统。不过，这种说法并没有考虑到全球化本身所带来的两种力量的对抗。

然而，正如卡罗琳·瓦格纳（Caroline Wagner）在本书中所描述的那样，国际流动确实在某些领域给民族国家带来了挑战，现代自然科学的发展就是其中之一。与技术不同，许多基础科学领域的研究本身就具有公共产品的属性。这是因为，很难将个人排除在集体利益之外，更为重要的是，科学研究只有在自由开放的交流氛围中才能得以发展。新型无形学院以别开生面的方式，展现了当前科学合作的国际化程度。即使富裕国家仍然是科研资金的最主要来源，但这种由国家资助的研究，如今只能被视为一种横向社会合作过程带来的副产品，在这个过程中产生的价值和成果，远远超出了任何对国家疆域或管辖权的考虑。

也正因如此，复杂适应系统理论和网络分析理论（the theory of complex adaptive systems and network analysis）对

理解科学演变至关重要。像其他社会系统一样，现代科学体系的形成是一个高度社会化过程，因此，它不能够由政府按照等级划分来规划。正如瓦格纳所说，研究者因彼此工作的互补性而相互吸引，这是无形学院的突现特征。也就是说，自组织系统会通过个体之间非计划性的互动变得极其复杂，就像生态系统一样，其最终的结果会远远大于其各部分的总和。因此，这种分布将是非正态、无标度并遵循幂律规则的。换言之，我们很难事先预测科学发现将在哪一个节点处出现，也很难事先预测不同研究人员会如何产生链接。因此，基于现代科学系统的种种特性，"弱联系""小世界"和"节点"是理解当下科学发现进展最有用的术语。

有鉴于此，瓦格纳指出了以下公共政策的核心问题。现代科学的发展无疑是一个在全球范围产生新兴社会的过程，且政府无法对其进行有效控制。尽管如此，资助现代科学的重担仍然落在了各个民族国家的纳税人身上。同时，政府继续从国家利益的角度思考如何推动科学研究取得进展，如法国、日本或美国的科学规划，都是旨在用科学创新造福自己的国家。事实上，国家资助科学事业的动力，很大程度上直接来自以科学巩固国防的目的。

然而，尽管科学发展和国家福祉之间存在显著的联系，科学的发展仍然依赖一种无国界的环境。在这种环境下，知识不再是某一国家的私有物品，而是作为一种全球的公共物品，涌向那些能够最大限度打破国家壁垒的人手中。与此同时，尽管加入现代科学的网络世界无疑对贫穷国家和发展中国家都是有益的，但由于缺乏资金和人力资本，这些国家往往无法有效利用现有的科学资源。那么，科学全球化的机遇与这些国家有限资源之间的矛盾该如何调和呢？

本书认为，认识到科学活动的内在属性、网络化特征和国际化程度，是实现无国界科学研究发展的第一步。富裕国家的政府和纳税人必须认识到，科学研究是一件具有广泛外部性的事情。也就是说，科研的确可以将本求利，但这往往并不是计划性投资的直接结果。实际上，我们必须对不同的科学领域区别对待。有些领域，例如高能物理学，需要大量的、固定的、密集的投资，这就需要公开合作进行集中投资，避免重复劳动。在其他领域，例如农业研究，依赖于大量不同的研究地点，需要分散式的投资。特别要说明的是，发展中国家要避免简单复制发达国家 20 世纪的国家科学体系，而是要利用当前科学体系的开放性找到适合自身发展的一席之地。

显然，治理机制必须不断发展才能跟上时代的步伐。过去的国家监管模式，是由各国政府分别建立分级监管机构，国际合作通过国家监管机构协商建立的正式条约组织进行。显然，这种过时的国家监管模式必然将让位于更灵活的治理和跨境合作模式。由中层政府组织的非正式合作是这种灵活性的重要体现，安妮-玛丽·斯劳特（Anne-Marie Slaughter）称之为"政府间主义"(Intergovernmentalism)[①]。其中一些国际合作的形式，是由非政府组织（NGOs, Nongovernmental Organizations）和利益相关者建立并由它们直接参与监管过程。还有一些国际合作的形式，则涉及企业、非政府组织、各级政府之间的公共部门和私人部门之间的合作（public-private partnerships）。出于对有效性和决策速度的追求，这些新的治理和国际合作模式似乎是令人担忧的，因为它们规避了正式的民主问责制机制，而选择了问责程度较轻、有时透明度也较低的管理机制。但是，如果治理模式要跟上社会进程的发展速度，这似乎也是必要的。以上这些，都是国际社会在 21 世纪面临的挑战。

从更长时间来看，科学的国际化将继续给合作带来其他类型的挑战。科学研究不仅会产生公共产品，还会产生公共威胁。比如，核武器和其他大规模杀伤性武器，因为制造成本降低而变得更加致命和危险的生物制剂，以及人类利用科学产品过程中产生的不同形式的环境损害。这些情况都使得建立国家控制的制度变得必要，就像《不扩散核武器条约》（*Nuclear Non-Proliferation Treaty*）那样。然而，在这种情况下，科学的国际化和网络化特征虽能发挥积极的作用，其也会不可避免地被滥用。

---

① Anne-Marie Slaughter, "Global Government Network, Global Information Agencies, and Disaggregated Democracy," Public Law Working Paper (Harvard Law School, 2001).

不过，在真正理解上述这些现象的本质之前，我们是无法着手应对科学进步的积极或消极影响的。对此，《新型无形学院》为我们提供了宝贵的帮助，这部作品不仅令读者加深了对科学现象本质的认识，并且，将科学政策讨论的话语体系，引向体现 21 世纪世界新特征的新范式。

弗朗西斯·福山

约翰·霍普金斯大学

保罗·尼采高级国际研究学院

国际政治经济学伯纳德 L·施瓦茨讲席教授

国际发展项目主任

目 录

绪论
新型无形学院的兴起

> "如果我对世界扁平化的看法是正确的，它将作为根本性变革之一被人们所铭记，就像民族国家的兴起或是工业革命那样，每一次变革都深刻影响了那个时代个人的角色、政府的角色与组织形式、创新的方式、经商的方式、科学研究的方式。"
>
> ——托马斯·弗里德曼（Thomas L. Friedman），
> 《世界是平的：21世纪简史》①

"科学"广义上可以定义为"关于自然界的系统性知识"，它为人类生活的改善带来了希望。科学进步帮助数百万人摆脱了疾病、饥荒和贫困，例如，青霉素的发现、高产种子的开发和电力的供应，都为20世纪的社会福祉作出了巨大贡献。同时我

---

① Thomas L. Friedman, The World Is Flat: A Brief History of the Twenty-First Century (New York: Farrar, Straus and Giroux, 2005).

们也应该看到,比较而言,科学进步虽然在许多国家产生了更为深远的影响,它们不仅刺激了经济的增长,也催生了规模庞大且充满活力的中产阶级,但其他一些国家却显然未能获得类似的回馈。自 17 世纪现代科学诞生以来,从科学知识获得的收益和对科学知识的应用,在不同国家的发展情况并不均衡,这也导致了发达国家和发展中国家之间的鸿沟不断扩大。① 为此,本书试图阐明以下问题:第一,导致这种现象背后的原因是什么? 第二,科学形态是怎样不断变化的? 第三,为了缩小科技强国和弱国之间的差距,应如何构建一种新的科学治理框架?

正如托马斯·弗里德曼(Thomas Friedman)在本章题记中所提到的那样,科学的组织形式正在发生根本性的改变。然而,这些改变一方面似乎并没他说的那么广泛,但另一方面似乎又比他说的更为广泛。一个关键的问题在于,尽管科学的数据、信息和知识在加速传播,但科学世界仍远未实现"扁平化(Flat)"。更为关键的是,随着传播的重点从国家层面转向全球层面,横跨全球的自组织网络(Self-organizing Networks)成为当代科学最显著的特征,由此形成了一个由研究人员组成的无形学院。在这个无形学院中,科学家之间开展了越来越密切的合作。但一方面,促进科学家合作的动力,不是来自外部的强制规定或硬性要求,而是因为他们自身有

---

① Chris Freeman offers an interesting discussion of this question in "Continental, National, and Sub-National Innovation Systems—Complementarity and Economic Growth," *Research Policy* 31(2002):191 - 211.

合作的意愿;另一方面,支撑科学家合作的基础,并非因为他们同属一个实验室或者一个研究领域,而是因为他们可以为彼此提供互补的见解、知识或技能。

　　这些自组织网络不仅帮助来自遥远国度的科学家建立了一种虚拟联系(Virtual ties),事实上也推动了世界各地研究人员更频繁的跨地域流动(Physical churn)。更进一步来讲,正是通过这些自组织网络,研究团队才得以不断建立、优化、解散及重组,不仅将不同背景的科学家汇聚一堂,也事实上推动了获得新知识的研究人员向其他团队流动或者组建新的研究团队。因此,在 21 世纪的科学大熔炉中,国家身份的阻隔越来越弱化,对科学的好奇心和实现重大科学突破的雄心,为新型无形学院的繁荣注入了强大动力。

　　相比之下,将科学知识视为国家资产的科学国家主义*是20 世纪的主导模式。在这种模式下,由于国家科学管理部门期望通过对科学研究的资助和管控,来实现推进本国经济发展及提升军事力量等目标,国际合作往往受到国家竞争的限制。这种模式更有利于那些在财富、资源和文化等方面拥有优势的国家,能够使其在知识的投资、占有和利用等方面保持持续领先,但也使得占世界人口大多数的发展中国家和不发达国家处于更加不利的境地。

＊ 译者注:科学国家主义(scientific nationalism),指的是科技发展要以国家、民族利益为基础的思想观念。很多文献也译为科学民族主义,但由于本书更强调科学与国家的关系,因此译为科学国家主义。

　　显然,新型无形学院的兴起,为提高社会福利、推动经济增长带来了新的挑战和机遇。特别是,它给发展中国家带来新的机会,使其能够更好地制定战略规划,更好地利用科学知识来解决发展问题。因此,本书的目的就在于,通过对新型无形学院的内涵及其运行机制的分析,为发展中国家科技战略的制定提供参考和依据。具体而言,在运用和借鉴网络科学最新研究进展的基础上[1],本书提出了一个如何更全面理解 21 世纪科学组织的框架,并使用定量和定性相组合的方法对全球网络进行了描述,阐明了这种网络驱动组织变革和经济增长的机制。同时,这些研究也为进一步讨论科学网络崛起对政策制定带来的挑战奠定了基础。有必要再次强调,尽管国家在促进和规范科学活动方面仍然发挥着重要的作用,但由于跨越国界是新时代知识生产组织变革的必然趋势,科研管理和科学政策制定不应再以狭隘的国界为立足点。

新型无形学院的起源

　　虽然新型无形学院很大程度上是在 21 世纪才出现,但它也是一种古代思想的新的表现形式。回顾历史我们不难发现,无形学院其实在科学界早就存在,并不是一种新生事物。虽然在科学发展的早期,科学研究更多体现为像艾萨克·牛

---

[1] Albert-László Barabási offers an excellent nontechnical explanation of network theory in *Linked: The New Science of Networks* (Cambridge: Perseus Books, 2002)

顿(Isaac Newton)和爱尔兰化学家罗伯特·波义耳(Robert Boyle)这样的科学家的个体行为,但 17 世纪就有一群志同道合的独立学者,自发组织起来对自然现象进行观察和实验,在基本不受政府影响的前提下,他们不受学科的限制(当时几乎还不存在现代意义上的学科概念),使用通用语言(拉丁语)分享信息和观点。由此可见,科学的组织和实践过程在早期就呈现出典型的网络化特征,信息交流和思想碰撞始终是科学家知识探究的必要环节。

在接下来的几个世纪,科学取得了长足的进步,并且越来越专业化,就像居里夫妇领导的实验室那样,一般会专注于生物学、天文学、物理学、医学等特定学科。到了 19、20 世纪,随着国家的意识不断加强和国家化进程的加快,各国政府纷纷通过建立国家级科学机构来加强对科学活动的管理。例如,成立于 1939 年的法国国家科学研究中心(Centre national de la recherche scientifique, CNRS),就管理着全国 1 000 多个研究团队。

国家间战略对抗和经济竞争的加剧,特别是两次世界大战中科学对提升军事力量作用的彰显,极大地刺激了一些国家对"大科学(Big Science)"相关的军事和民用研究机构进行大规模的同质化甚至是过剩的投资,例如,美国国家科学基金会(The U.S. National Science Foundation, NSF)、俄罗斯科学院(The Russian Academy of Sciences, RAS)等机构都加大了对基础研究科学领域的投资,另一些机构则在太空竞赛和癌症治疗这些更为引人瞩目、更能彰显国家实力和威望的项目中加大了投资。

近年来，随着新型无形学院的兴起，科学的结构又发生了一些新的变化。总体而言，科学结构转变的驱动因素主要可以归纳为以下五个方面。

网络（Networks）。网络是由科学家之间的联系组成的，但正式的机构或既定的科研项目并不是使科学家建立起联系的唯一纽带，无论是共同参加的学术会议，还是仅仅出于共同的研究旨趣，都会成为科学家突破遥远的空间距离限制建立联系的载体。值得注意的是，这种网络不是由任何个人所决定或支配的，但同时也不是随机产生的，而是体现出有别于二战时期科学组织治理的内在规则和运行机制。因此，如果我们对网络运行的规则和机制有了更深的认识，将有助于更好地发挥无形学院的作用。

涌现（Emergence）*。科学家网络的建立、优化和重组，是科学家面对新信息、搭建新连接、把握新机会的必然结果。不同于公司组织的命令和控制系统，科学家网络更像一个生态系统，创新来自人和人、知识和知识的组合与重组。在这个生态系统中，研究人员可以自由地识别、选择那些有利于推进其工作的成员和工具来建立团队。因此，在当今网络化时代，"涌现"特征在知识创造中已经体现出强大的力量，我们有理

＊ 译者注：涌现指的是一个实体被观察到具有其所有组成部分本身没有的属性。

由更好地利用它、培育它。

流动（Circulation）。智力资源的流动是一种必然趋势。一方面，为了获取更优质的科研资源，更好地将自己的才能转化为科学知识，训练有素的研究人员会流动；另一方面，知识和信息也在流动，网络上以及研究人员之间以其他方式共享的数据，经常会以我们意想不到的方式建立起连接。在很多时候，研究人员往往不知道到底哪个数据集是有用的，直到他们在不经意间偶然与之相见。因此，通过促进人、信息和思想跨越国家之间政治边界的流动，无形学院能够比科学国家主义更有效、更高效地促进知识的积累。

粘性（Stickiness）。地域（地点）是影响科学发展与创新创造的重要因素[①]。尽管信息革命为科学家线上交流提供了便利条件，但面对面的会议对于科学来说仍然是必不可少的。除此之外，有些科学研究需要大规模的、昂贵的设备才能推进研究，还有一些科学研究仰赖只有在某些特定地方才能获取的资源，使得这些研究与其他领域相比更具有"粘性"。这种"粘性"，无形之中促进了科学活动在人员、资源、空间等方面的集聚，也只有这种集聚，才会使得科学活动更富有成效。因此，尽管网络不是由任何个人所决定或支配的，但集聚是科学

---

① Eric von Hippel, "'Sticky Information' and the Locus of Problem Solving: Implications for Innovation," in *The Dynamic Firm: The Role of Technology, Strategy, Organization, and Regions*, edited by A. Chandler, P. Hagström, and Ö. Sölvell (Oxford University Press, 1999), pp. 60–77.

研究专业化的体现，政策的制定必须为特定情况下科学活动的集群化作出让步。

弥散（Distribution）。科学世界曾经是孤独天才的天地，现在更表现为是一种互动性的活动。随着 20 世纪科学水平的快速提高和经济社会的快速发展，一些重大问题的解决对多个场所（地点）科学家的团队合作提出了要求。同时，互联网技术的迅猛发展，使得研究人员不再需要与他们的合作者同处一个地方，研究人员也不需要与他们试图解决的问题同处一个地方。世界各地的科学家和工程师越来越意识到，这种具有"弥散"分布的团队合作方式，更有利于科研活动的开展。[①] 因此，这种"弥散"式团队合作的趋势，为科学家的科研活动提供了新的可能，也为决策者政策变革创造了新的机会。

一些重要的发现

一个旨在研究宇宙诞生的 BeppoSAX 的卫星项目，是体

---

① 1994 年，两本关于科学和技术的政策性书籍揭示了团队合作和综合研究的兴起。在《知识生产的新模式：当代社会的科学研究动态》（*The New Production of Knowledge: The Dynamics of Science and Research in Contemporary Societies*）（伦敦：塞奇出版公司，1994 年）中，迈克尔·吉布斯（Michael Gib-bons）和其他人认为，一种新的知识生产模式，即他们所说的"模式二"，在二十世纪开始出现了。"模式二"是情境驱动的、以问题为中心的且跨学科的。它涉及多学科团队在短时间内聚集在一起，共同解决现实世界中的具体问题。约翰·齐曼（John Ziman）在他的书《被缚的普罗米修斯》（*Prometheus Bound: Science in a Dynamic Steady State*）（剑桥大学出版社，1994 年）中对学院科学和后学院科学做了类似的区分。

现上述驱动因素及其影响的很好案例①。该项目最初由意大利和荷兰两国天文学家合作设计，最终将全世界的天文学家联系在了一起。

伽马射线，也即恒星衰亡时释放的光爆，是研究宇宙早期性质的最重要的数据源之一。在 BeppoSAX 项目启动之前，伽马射线是在偶然的情况下被卫星捕捉到的，而当时这些卫星的主要任务其实是通过扫描地球来监测是否有未经宣布的核弹试验。1961 年发射的"探索者 11 号"②是第一颗携带伽马射线望远镜的卫星，它在 4 个月的运行过程中发现了 22 次伽马射线，这让人们对用途明确的卫星可能收集到的额外数据产生了好奇。

在 20 世纪 90 年代早期，意大利空间天体物理研究所（Istituto Nazionale di Astrofisica, INAF）的一些天文学家，曾致力于建造一颗专门用于 X 射线科学观测的卫星，以区别于执行情报任务的"探索者"卫星。该项目在荷兰空间研究所（The Netherlands Institute for Space Research, SRON）研究人员的参与下，迅速发展成为一个国际合作项目。意大利空间天体物理研究所的马可·费罗西（Marco Feroci）观察指出：

---

① 在意大利语中，SAX 代表 Satellite per Astronomia X，翻译成英语就是 X 射线天文卫星。该卫星被命名为 BeppoSAX，是为了纪念意大利天文学家朱塞普·贝波·奥基亚利尼（Giuseppe Beppo Occhialini）。

② 关于探索者 11 号的更多信息，请参见美国宇航局的网站（http://heasarc.gsfc.nasa.gov/docs/heasarc/missions/explorer11.html）。

　　　　制造一颗卫星是非常昂贵的，所以你必须从一开始就做到最好。为了获得资金，你必须说服当局你正在开展最好的科学研究。我们有一个由意大利各地天文学家组成的团队，但当时仍需要仪器方面的专业知识。在我们开始项目的时候，荷兰人是仪器方面做得最好的人，所以我们就和他们组成了合作团队。[1]

　　BeppoSAX 卫星由意大利和荷兰的几家公司合作制造，在 1996 年发射后，一直运行到 2002 年[2]。此外，BeppoSAX 小组还建立了一个遍布全球的研究人员网络，以便对卫星收集的数据进行跟踪处理。正如 BeppoSAX 项目科学办公室主任路易吉·皮罗（Luigi Piro）所解释的那样。"这个实验从一开始就被设计成一个有 50 个观测站参加的网络。这样一来，我们可以很快地分享数据。当（伽马射线事件）位置确定后，我们就会通过电子邮件在网上分享信息。任何（对该位置）有新观测结果的人都可以给其他人发电子邮件。"[3] 因此，BeppoSAX 既是一个研究人员的社会网络，也是一个利用互联网将科学设备连接起来的技术网络。

　　随着 BeppoSAX 卫星项目团队积累的关于伽马射线事件的数据越来越多，该项目对从事相关研究的天文学家的吸引力也就越来越大。项目组成员很快就接到了应接不暇的论文

---

① 源自作者于 2003 年 5 月 27 日进行的电话访谈。
② 一年后，该卫星重新进入地球大气层并落入太平洋。
③ 源自作者于 2003 年 6 月 6 日进行的电话访谈。

合著请求。皮罗解释道,在决定接受哪些请求时,团队主要参考两个因素。

我们关注他们数据的质量和他们的声誉,而这两个方面通常非常一致。我们先去找在该领域声誉最高的,因为这基本保证了数据的质量。我们有伽马射线的数据,其他组有其他波长的补充数据。我们不可能检查他们所有的数据!所以我们依靠他们的良好声誉来确保他们有好的数据。我们分享我们的信息,他们也分享他们的信息,从而保证我们对这些数据结果能有更深刻的认识。[①]

他还补充说:"当与来自世界各地的人合作时,我们建立起了信任,这种信任会随着时间的推移而不断得到增强,这就是我们成功合作的原因。"这些基于 BeppoSAX 数据的合作,产生了约 1500 篇论文。[②]

正是 BeppoSAX 项目团队所做的将数据免费提供给公众使用的这一不同寻常的决定,促成了这些论文的高效产出。比较而言,作为一个由政府资助的机构,意大利空间天体物理研究所此前曾试图保护和牢牢掌握它所获得的任何数据。在BeppoSAX 项目的早期阶段,皮罗和他的同事们就确信,共享数据是促进他们研究的最佳方式。他对此解释道:

---

① 源自作者于 2003 年 6 月 6 日进行的电话访谈。

② BeppoSAX 任务主页(http://bepposax.gsfc.nasa.gov/bepposax/index.html)

　　　　我们团队对共享数据讨论了很久,我们不确定是否
应该这么做。研究者有权利探索自己的工具或研究,但
整个社区也应该受益。所以我们决定放弃自己独自拥
有[关于伽马射线位置的]数据的权利,并将其马上分享
出去。这在当时不是惯常的做法。但是,这显然是一个
很棒的决定,因为它使科学研究人员能够获取更丰富的
数据。在我们分享的同时,其他人也与我们分享。[①]

　　总之,BeppoSAX 团队不仅从伽马射线中接收到了信号,
还从超越国家的科学变革中受益。利用协作提供设备支持、
依托远方的网络、广泛分布的数据、对需求的统筹协调、对开
放价值的认可——所有这些东西都是新型无形学院的标志。

对新型无形学院的初步回应

　　像 BeppoSAX 项目团队这种科学家自行组织的社会性网
络,正在以前所未有的力量推动重塑全球科学活动的面貌,并
改变着科学发展的内在规则。但是,即使在发达国家,政策制
定者对其重要性的认识却很迟缓。20 世纪 90 年代末,美国大
多数决策者对全球科学体系只有模糊的认识。也许是考虑到
美国科学体系的巨大规模,许多人认为没有必要关注全球层
面的新兴科技体系。其他一些人则认为,国际科学只是美国

---

① 源自作者于 2003 年 6 月 6 日进行的电话访谈。

科学的附属品。例如,在试图解释为什么美国科学机构不需要全球战略时,一位国会工作人员评论说:"国际科学只是另一种形式的外国援助。"①因此,那些提交的关于应该利用和培育国际科学合作的政策建议,很少会引起政府机构的兴趣。时至今日,美国政府机构对国际科学的不重视仍然是人们在科学政策会议上经常讨论的话题。进一步来讲,科学和外交仍然是一种难以捉摸的伙伴关系。

　　相较而言,欧盟采取了不同的做法。从 20 世纪 90 年代末开始,作为其创建欧洲研究区(European Research Area, ERA)的努力之一,欧盟就试图鼓励成员国之间的科学合作②。根据一系列的研究和技术发展框架,欧盟确定了宽带技术、交通运输等优先支持的研究方向,并把包括两个或更多欧盟国家作为研究资助的前提条件,欧洲的科学合作据此得以迅速增长。但遗憾的是,欧盟并不关注拓展欧盟外的科学合作关系。

　　对于高度发达科学机构的这种内向倾向,也并不是没有人质疑并采取行动。20 世纪 90 年代,联合国和世界银行就反

---

① 源自作者于 1999 年 6 月 30 日进行的私人采访。

② 欧洲研究区(ERA)是一个整合欧盟科学资源的科学研究计划系统。自 2000 年成立以来,ERA 就聚焦在医疗、环境、工业和社会经济研究领域的多国合作。该系统可以被比喻为相当于欧洲商品和服务共同市场的研究和创新共同区,其目的是通过鼓励一种更加包容的工作方式将欧洲研究机构聚集起来,从而提高欧洲研究机构的竞争力,这与在北美和日本的机构已经存在的情况类似。增加知识工作者的流动性和深化成员国研究机构之间的多边合作是 ERA 的核心目标。

复呼吁"利用科学促进发展",并出台了一些应对"人才流失""数字鸿沟"等现象的计划和项目。其实,"人才流失""数字鸿沟"等这些术语本身,就是科学知识竞争观(win-lose structure)的形象表达。与此同时,还有其他一些组织侧重发展中国家科学能力的建设,特别是促进其与发达国家研究机构的联系。

客观来讲,这些政策和项目并没有取得很大的成效。美国的政策制定者发现,虽然要求他们支持国际科学合作的压力越来越大,并花费了大量的外交资源来谈判签署科技协议,但这些协议对实际的合作影响甚微。欧盟的决策者也发现,旨在加强欧洲研究区的项目往往会有非欧盟成员的加入,这就造成了研究收益归属的混乱。许多发展援助机构悲观地指出,建设科学和技术能力的努力不仅在贫穷国家很难奏效,试图在发达国家和发展中国家之间建立联系的努力也面临着很大的困难和挑战[1]。

在很多情况下,由于政策设计上存在缺陷,发展中国家政府模仿科学发达国家在基础设施建设上的投资也往往以失败告终。例如,许多国家为工业、科学和教育制定了不同的政策,虽然每一项政策都是为了创造新知识或解决问题,但它们之间很少相互联系和呼应。通常,这些政策由三个不同的部

---

[1] Caroline S. Wagner and others, *Science and Technology Collaboration: Building Capacity in Developing Countries?* MR - 1357. 0 - WB. (Santa Monica, Calif.: RAND Corporation, 2001).

门（通常是通信、工业和科学/教育部门）制定，而这些部门几乎都没有相互协调的动力。此外，作为其科技政策的一部分，许多政府都制定了优先资助领域清单。遗憾的是，这些清单往往是通用的，反映了世界范围内的科学热点领域，如生物化学、遗传学或纳米材料，而不是将优先资助与当地的问题和议题联系起来。这些缺乏现实性的举措，阻碍了许多国家建立"国家创新体系"的努力。总之，尽管这些计划本身可能很有吸引力，但往往由于很少得到政府部门预算拨款的支持而"胎死腹中"。

更重要的问题在于这些项目主要还是沿袭 20 世纪基于国家科学体系的思路进行设计，没有对科学技术系统在 21 世纪面临的人才、资源和经费竞争做出及时反馈。如果科学体系设计的立足点不能从国家中心转向全球中心，仍旧由政府部门而不是科研人员主导规则的制定，注定会导致项目合作的失败。不可否认，这种与"大科学"鼎盛时期相比政府对科学的控制力的下降，无疑给政府管理带来了新的挑战。但我们必须深刻认识到，新型无形学院的兴起特别对发展中国家提供了难得的机遇。欣喜的是，一些国家政策制定的理念正在发生转变，即从致力于构建国家创新体系，转向建立一个从全球获取知识并应用于本地的知识系统。这种转变的核心，就是从研究机构的实体化建设转向基于知识和能力的功能化建设。

　　总之,具有高度开放性的网络化科学模式的建立,对发展中国家来说是一个令人鼓舞的好消息,特别对那些在 20 世纪相对孤立的国家而言,已经迎来新的契机。同时我们也必须意识到,这个网络系统开放但并不透明(transparent)。也就是说,网络系统必须按照某些规则、规范运行,但这些规则、规范可能并非依据现成的政策条文,也不受哪个研究机构或政府部门的控制。因此,政府官员的职责不是去直接武断地决定新型无形学院的成员资格,而是要在充分了解、尊重全球化科学网络规则、规范和机制的基础上,改善政策以达到更好的效果。

本书的写作框架

　　为了推进新型无形学院更好地运行,并尽可能使那些以前被排斥在外的地方和人群受益,科学家和政策制定者需要了解其基本原则。因此,本书运用理论和实例相结合的方法,着重描述和说明了塑造 21 世纪初科学图景的五个关键因素,并进一步阐明了将科学和技术作为一个新兴的网络系统而不是作为国家资产的主张。

　　第一部分"知识网络:对科学技术的再思考"包括第一章和第二章,重点阐释科学的组织系统是一个个新兴的全球网络,而不是一个个国家控制的机构。第一章主要通过描述国家科学体系在历史上的产生、演变乃至逐渐落后于时代的过程,强调了科学系统从国家中心向全球网络转变的重要性。也就是说,全球科学合作的目的不应简单从国家利益出发,而是为了更好地创造知识。同时,尽管科学合作正在向所有领域扩散,但不同学科可能会采取不同的合作形式,本章区分并描述了协作式(coordinated)、地缘式(geotic)、大科学式(megascience)和弥散式(distributed)四种类型的科学合作活动。第二章重点基于物理学、生物学和社会学理论的最新研究进展,提出了驱动塑造 21 世纪新的科学组织结构的主要因素和力量。科学越来越多地作为一套复杂的适应性网络在全球范围内运行,这些合作网络不是随机形成的,而是无数个寻求自身利益最大化的个体理性选择的必然结果。在全球科学网络运行过程中,就像市场一样,也体现出一些规律。其中特别值得关注的是,正是弱联系(weak ties)、小世界(small worlds)、冗余(redundancy)、互惠(reciprocity)和优先依附(preferential attachment)等因素的相互作用,不仅影响了知识流动的途径,也塑造了网络的成长和演变。同时,通过这些驱动因素及其相互作用的理解,我们也可以知道如何最好地利用相关网络。

第二部分"世界迷宫:理解动态的知识网络"包括第三、第四、第五章,重点介绍了新型无形学院的动态机制。第三章使用量化数据论证了全球科学确实像网络一样在运行,并且这个网络正在以惊人的速度发展。本章还从个人动机视角分析了驱动网络扩张的机制。研究表明,不同学科的合作模式都遵循复杂自适应性系统(complex adaptive systems)所特有的无标度分布(scale-free distribution)特征,但这种复杂性背后有一些简单的规则。此外,本章还讨论了流动在新型无形学院中扮演的角色,并阐明了"人才流失"和"人才流入"对发展中国家的影响。第四章的讨论,从无形学院中的人转向无形学院中的场所(Place)。尽管新技术使科研合作以超乎前人想象的方式跨越了空间边界,但无形学院的地理空间并不完全是虚化的,地点仍然是一个值得考虑的重要因素。因此,本章重点回答了这样一个问题,我们为什么和如何基于分散的科研资源来进行科学网络的设计和规划,以便使更多人从中受益。当前,先进的科学技术和基础设施高度集中在发达国家手中,这部分是由于政治上的支持,部分也是在这些地方长期累积的结果。这种集中分布,有时可能是有利的,甚至是必要的,但在另一些情况下,设施或合作伙伴的多点分布可能更合适。本章还探讨了如何重新设计科学政策,以便使得从科学知识获得收益的分配更加公平、更加广泛。最后,本章提出了双重策略的概念,既要注重投资的"沉淀"(sinking)效应,也要"链接"(linking)到全球网络。第五章重点探讨了科学能力和基础设施问题,这些都是有效参与新型无形学院的前提。本部分对能力的内涵进行了界定,并分析了关键构成要素的组织框架和具体功能。本部分还针对要求每个国家都要建立自己的科学基础设施的科学国家主义模式，提出了替代方案。今天，尽管科学基础设施的核心部件必须在当地可用，但它们不一定全都由本国政府提供，在区域或国际层面上共享也是重要和可行的选择。

第三部分"网络开发：提升科技发展的效能"重点探讨了如何将有关全球系统的研究成果纳入治理框架。第六章旨在提出针对发达国家和发展中国家的政策建议。提高新型无形学院的治理水平，使尽可能多的原先被排除在外的个体参与进来，更好地实现共享、共赢，必须切实增强政策制定的系统性、综合性。为了达到这些目标，我们需要精心重塑科学的支持机制和使用机制。决策者制定战略规划的能力和政策水平，将在很大程度上决定这项复杂变革的输赢。

尽管表现形式和侧重点不同，但要构建一种新的科学社会结构，无论对发达国家还是发展中国家，都是巨大的挑战。发达国家需要重新认识到，他们不是单纯意义上的"捐赠者"，而是全球系统中互利共享的参与者。发展中国家需要抓住这个系统性变革的难得机遇，有效融入网络，推进知识的落地应用。同时，只有牢牢把握开放资助和开放获取这两个基本原则，才能真正帮助发展中国家实现这些目标。

随着科学对所有国家社会和经济发展的深远影响与日俱增，更好地理解科学结构及其动态变化，越来越成为我们面临的重要而紧迫的任务。50 多年前，科学史学家赫伯特·巴特菲尔德(Herbert Butterfield)曾预言，现代科学史的价值足以与此前任何关于人类生存发展的研究相媲美。他进一步指出，"了解现代科学的历史，对我们了解自己是如此重要，就如在一千多年的时间里古希腊罗马之于欧洲"①。然而，科学发展变化的步伐是如此之快，我们不能只是等待历史学家们在将来才进行回顾和分析，而是要在科学系统变革的过程中就持续地深化认识、加深理解，这也是本书的目的所在。

本书的研究方法

为了写作这本书，我采用质性和定量相结合的方法进行了几年的研究，也经历了一个从宏观到具体的过程。在最开始的时候，我关注全球科学网络的分析，后来转向从学科内部视角来审视这个网络，再后来我重点致力于揭示科学家个体之间进行交流的方式及其内外部动机。当然，我之所以开展本研究，是想回答一个始终困扰我的问题，为什么国际科学合作会以如此惊人的速度增长？

我之所以选择质性和定量相结合的研究方法，是因为相信只有质性研究和定量相结合，才能够揭示科研合作在全球

---

① Quoted in Derek de Solla Price, Science since Babylon (Yale University Press, 1961), p.3.

范围的互动关系。任何社会网络内部的动态变化都是难以衡量的,全球科研网络也不例外。交流互动是全球科研网络动态变化的重要反映,但交流互动既可能是正式的,也可能是非正式的,而且往往瞬息万变,正式和非正式交替出现①。因此,本研究侧重对发表论文这类更为正式的交流活动的考察,而不是参加学术会议这类持续时间短、相对不那么正式的活动。在大多数情况下,我们对科学交流的研究都要有迹可循,例如多位作者共同撰写的论文。同时,只有那些有出版或发表的交流活动才容易被量化。② 当然,这些有迹可循的"数据"可能只是所有科学交流活动的冰山一角,但它们足以提供丰富的信息。例如,彼此交流合作往往是论文研究的重要基础,通过对不同时期论文作者所在的机构的研究,就可以从一个侧面窥探到知识生产在世界范围内扩散的路径。因此,本研究主要聚焦那些同行评议出版物发表的正式论文,显然,这些论文是实质性交流合作的重要成果。本研究所有关于出版物的数据均来自美国科学信息研究所(The Institute for Scientific Information, ISI)的数据库。

除了对定量数据的分析,我还采访了几十位积极参与全

---

① L. Biggerio, "Self-Organization Processes in Building Entrepreneurial Networks: A Theoretical and Empirical Investigation", *Human Resources Management* 203(2001): 209 - 23.

② Loet Leydesdorff and Andrea Scharnhorst, *Measuring the Knowledge Base: A Program of Innovation Studies, Report to the Bundesministerium für Bildung und Forschung* (Berlin: Brandenburgische Akademie der Wissenschaft, 2003).

球合作的科学家和工程师。因为这些访谈对象都在国际合作方面非常活跃,他们的故事很好反映了远距离沟通交流和合作网络何以会取得成功。同时,这些访谈也揭示了研究人员为何会选择跨越空间、跨越学科开展合作,以及他们在交流合作中所面临的困难和挑战。此外,访谈过程也部分揭示了研究人员到国外学习和工作的原因,并列举了一些如何通过合作促进创新的实例。我在书中多处提到了这些访谈,用以阐释和支撑定量研究的结果。

第一部分

知识网络：
对科学技术的再思考

"过去三百年,科学的体量变得越来越大,已经像一座巨大的高山。科学是由许许多多单个、确定的信息单元构成,但这些信息单元始终处于运动之中,不仅组合方式多种多样,也会不断有新的信息单元加入。因此,科学的结构总是处于运动、不稳定的状态。就好像人照着镜子进行装扮,总是那么不可预测,又总会带来惊喜。人类的知识也是一样,它并非一成不变,而是通过反复实验而增进。可以说,在大多数情况下是通过一系列的反复实验,不断向前发展。"

——刘易斯·托马斯(Lewis Thomas),《科学的不确定性》,1980 年

第一章
21世纪的科学拓扑学

"人、社会组织、公司、政策制定者,不需要做任何事情,就会感受到或发展网络社会。换句话说,尽管不是每个人、每件事都会被纳入各种网络,但我们确确实实、时时处处置身于网络社会。"

——曼纽尔·卡斯特　哥斯塔沃·卡多索(M. Castells AND G. Cardoso),《网络社会》①

　　科学像网络一样在全球运转,这就构成了一个无形学院。在国家层面,往往有特定机构对科学进行管理,并通过制定政策进行科研经费投入。但在国际层面,还没有哪一个部门能够将从事科学活动的人们联系在一起。然而,这对大多数科学家的国际合作并没有带来消极影响。并且,越是杰出的科

---

① M. Castells and G. Cardoso, *The Network Society: From Knowledge to Policy* (New York: Center for Transatlantic Relations, 2006).

学家，在全球无形学院中表现得越活跃。本章探讨了无形学院形成的原因、过程以及当下的组织形式，阐释了为什么无形学院对 21 世纪的科学治理至关重要。

首先，让我们来看一个例子。

从拜罗伊特到巴西

1997 年春天，世界上最好的土壤科学家之一——沃尔夫冈·威尔克（Wolfgang Wilcke）离开了他在德国拜罗伊特的实验室，与博士生朱莉安·利连芬（Juliane Lilienfein）一起登上了飞往巴西的飞机。① 虽然他们很快就需要说葡萄牙语了，但在飞机上他们仍在使用母语德语交谈。当时的话题是如何协调一个大型科研项目，这个项目由三位负责人分别带领团队进行，将对 18 个不同地点和大西洋进行研究。威尔克和利连芬本次前往巴西，是为了完成一项看起来有点"兴师动众"的土壤研究任务。具体来讲，就是了解如何管理农业系统才能减少营养损失并最终实现营养闭环。他们最终的研究目标，是回答如何在贫瘠土壤中更好地进行可持续耕作。

这并不是说德国没有足够的土壤以供研究，事实是他们

① 本案例研究基于作者 2003 年 6 月和 9 月在阿姆斯特丹大学期间与威尔克的电话采访和书面交流。之所以选择威尔克案例作为本研究的主题，是因为根据科学信息研究所的数据，他在 2000 年与国际合作伙伴合作的文章几乎比任何其他土壤科学家都多。

已经在德国开展了研究。但是，巴西有两个特别吸引人的地方：第一个吸引人的地方是巴西塞拉多（Cerrado）区域的遭严重冲刷的热带土壤，这是巴西中部一个占地超过 200 万平方米的林地和草原地区；另一个吸引人的是路易斯·维莱拉（Lourival Vilela），这位当地同样喜欢土壤研究的教授。维莱拉是国家资助的巴西农业研究机构（通常称为恩布拉帕，Embrapa*，隶属于巴西农业部）一个研究小组的负责人，正在带领团队开展与威尔克相类似的土壤问题研究。在 1996 年召开的一次会议上，威尔克的研究主任引荐了维莱拉。他们在交流中发现，彼此都在关注不同耕作条件下土壤中营养物质的比较研究，这直接促成了威尔克的这次巴西之行。

在 20 世纪 80 年代至 90 年代初，可持续耕作的条件已成为环境科学研究领域的热门话题。威尔克认为，这个合作研究项目振奋人心，并可能产生值得公开发表的新发现。他还猜测，由于在热带土壤中耕作面临的挑战，这项研究有很大可能会吸引到研究资助。当威尔克从一家德国政府机构成功获得资助时，这种预感得到了印证。维莱拉也向政府部门寻求资金支持，并成功为该项目争取到了第三个资金来源——世界银行专注于土壤、水和营养管理项目的额外经费。有了这

---

* 译者注：巴西农业研究组织（Embrapa）隶属于巴西农业和畜牧业部（Brazilian Ministry of Agriculture and Livestock），成立于 1973 年，旨在为真正的热带农业和畜牧业模式开发技术。Embrapa 总部位于巴西利亚，负责规划、监督、协调和监测与农业研究和农业政策相关的活动。

些研究资金的支持，威尔克和利连芬开始计划访问塞拉多，那里的农民正在贫瘠的热带土壤中种植大豆。

最初，沃尔夫冈·威尔克是被土壤的复杂性吸引到土壤科学研究领域的，在土壤中，水、氧、有机物和植物都在相互作用。作为一名在读研究生，威尔克从数百名申请者中脱颖而出，加入美因茨大学（The University of Mainz）的环境研究项目，学习了大气研究、植物和地球科学以及水文学（水的研究）等方面课程。他还发现，能够同时申请应用化学和生物学的机会十分吸引人。此外，因为土壤具有高度的位置特异性，例如欧洲的土壤与热带地区的土壤就有很大的不同，到不同地方开展土壤研究，也无形中提供了前往迷人之处旅行的机会。很快，威尔克凭借对土壤研究的热情和获得研究资金的才能，就赢得了德国学术界的最高头衔——博士教授（Professor Doctor）。①*

在科学领域，如果具有卓越的研究能力，再加上吸引基金和合作者的能力，就会产生一种珍贵的东西——追随自己好奇心的研究自由。在威尔克的案例中，正是这种自由让他得以对以下问题进行了探索：为什么热带地区的农业生产会如此糟糕（即使在包括耕作、不耕作和作为牧场使用等几种不同

---

① 在美国，任何一个大学教师通常都被称为"教授"。而在欧洲的大学，这个头衔是仅授予一些在教学、研究和管理方面表现杰出的教师。

＊ 译者注：在欧洲德语区（德国、瑞士、奥地利），"Dr."和"Prof."是两个不同的 title，"Prof."高于"Dr."。教授们书面上的头衔是"Prof. Dr. XXX"

的耕作方式下,这些地区农场的产量与温带地区的农场相比仍非常低)?为什么生活在植物繁茂、雨水丰富地区的人们,还必须要从贫瘠的土壤中勉强谋生呢?为什么在土地平坦、土壤坚硬、可以承受农业机械的地方,农民仍在使用古老的方法进行耕作?

巴西的塞拉多是研究此类问题的恰当地方。该地区的降雨量是德国肥沃山谷的五倍,这使塞拉多河成为研究土壤的绝佳之地。在德国,下雨是一种福气。但在巴西的热带地区,多年的暴雨又会使土壤流失养分,这种侵蚀过程如此强烈,以至于随着时间的推移,土壤变得酸化,维持土壤肥沃的有机物、矿物质、水分等化学物质都完全消失了。这一过程在内陆的热带地区更加强烈,那里的降雨量可能是塞拉多的两倍。当这些地区的热带雨林被砍伐为农田时,原本从植物覆盖层中获取营养的土壤,将受到更强的侵蚀,流失的速度也会更快。

本来,像塞拉多那种贫瘠的土壤是可以直接耕种的。但为了提高产量,当地农民在负担得起的情况下都会使用化肥。这些肥料不仅很难获得,而且过量使用也带来了隐患。农民们发现,他们只有使用越来越多的肥料,才能获得相同的产量。贫瘠的土壤根本不能保留肥料中的营养物质,它们会被迅速冲入地下水。然后,人们饮用这种受污染的地下水,使其自身暴露在癌症等潜在致命疾病的风险中。

威尔克和利连芬在塞拉多与维莱拉的团队一起工作了数

周。他们研究了已经耕作过的田地，从未耕作的农场采集了土壤样本，并收集了水样和关于耕作方法的信息。这次旅行收获颇丰，取得了重要的研究进展，发现了传统的土壤管理和耕作方法对土壤产生的负面影响。利用这些新的研究成果，就能够提出改善当地农业生产的合理建议。此外，威尔克和他在拉丁美洲的同事还在科学期刊上发表了几篇文章。

但是，威尔克当时可能并没有想到他巴西之行的另一个结果，在具有数百年历史的无形学院中，他的成员地位得到了加强。虽然威尔克和维莱拉不在同一所大学工作，也没有从同一部门获得资金，但他们在巴西塞拉多的原野进行了一项为期两年的联合研究项目。正是在这个过程中，他们建立了知识网络中的联系。虽然这些联系本身是无形的，但它们所创造的交流是实际存在的，而且这种交流也带来了实际的结果，新知识使巴西农民和他们所供应人民的生活得到了切实的改善。

无形学院的起源

前文所述的研究人员之间的这种联系，其实并不是一种新鲜事物。早在 1645 年，爱尔兰科学家罗伯特·波义耳（通常被称为"化学之父"）在给导师的一封信中，就使用了"无形学院"这个术语来描述研究人员之间这种跨机构、跨地区的联系。波义耳的信写作于一个人类智识和社会激荡发展的时期，当时，波义耳描述的是一小群志趣相投的自然哲学家（也即人们所称的"大师")之间的互动。到 17 世纪中期，伽利略（Galileo）和其他早期天文学家，通过改进的望远镜已经可以更准确地对天体运动进行观测。通过科学观察和研究，他们发现天体的运动模式可被预测。这个发现挑战了亚里士多德（Aristotelian）学派的信条，即天体神圣而不可改变，超出了人类的理解范围。

随着亚里士多德世界观的崩塌，对自然开展实证探索的兴趣蔓延到整个欧洲。17 世纪中叶，五个欧洲城市几乎同时创建了科学协会和科学院。① 这些团体旨在通过越来越广泛使用的文字印刷来促进思想的交流、实验的构想和结果的共享。在 1630 年到 1830 年间，至少有 300 种科学期刊问世。② 此后，科学文献呈指数级增长，科学期刊的数量大约每 50 年就能增长 10 倍。③

---

① 虽然在伦敦皇家学会之前，意大利已经建立了三所学院，但它们并没有持续存在。自然秘密研究会（Accademia Secretorum Naturae）于 1560 年在那不勒斯成立；西门托学院（The Accademia del Cimento）于 1651 年在佛罗伦萨成立；林琴学院（The Accademia dei Lincei）于 1603 年到 1630 年存在于罗马。路易十四在 1666 年特许设立了巴黎科学院（The Paris Academie）。1661 年，查理二世特许设立了伦敦皇家学会，这个团体从最初的无形学院中诞生。

② 根据德里克·德·索拉·普莱斯的说法，到 1830 年，已经有许多期刊问世，以至于需要一项新发明来管理新知识：研究人员被迫发明"摘要期刊"来总结知识的子领域。参见 Derek de Solla Price, *Little Science, Big Science* (Columbia University Press, 1963).

③ 这种科学文献指数级增长的过程在科学发展的若干阶段已被注意到，尤其是 F. Galton, Heredity Genius (London: MacMillan, 1869); A. Lotka, "The Frequency Distribution of Scientific Productivity," *Journal of the Washington Academy of Sciences* 16(1926); and Price, *Little Science, Big Science*.

　　波义耳提到的无形学院包括了很多名人,如生物学家罗伯特·胡克(Robert Hooke),数学家威廉·布朗克子爵(William, Viscount Brouncker),后来担任牛津和剑桥大学院长的约翰·威尔金斯(John Wilkins)牧师,以及著名的天文学家、圣保罗大教堂的建筑师克里斯托弗·雷恩爵士(Christopher Wren)。无形学院的出现,恰逢英国政治冲突最激烈的时期。始于1642年的内战,在随后近十年的时间里愈演愈烈,大不列颠逐渐被撕裂成两大阵营:一个阵营是国会议员,试图捍卫议会在税收等问题上的传统角色;另一个阵营是保皇派,他们支持更强大的君主制。但是,早期那些持有不同政治观点的实验主义者,并没有被卷入纷争,而是继续兢兢业业地通过实验对客观世界进行探索。最终,他们通过讨论成立了伦敦皇家学会(Royal Society of London),这也是现存最古老的科学学会。①

　　在那个充满政治革命和国内战争的年代,伦敦皇家学会的新会员逐渐成为另一种类型的革命者。他们提出的关于大自然的一些基础性问题,对当时宗教和学术上一些被普遍接受的观念形成了极大挑战。经过私下沟通,他们开始非正式

---

① E.N. da C. Andrade, *A Brief History of the Royal Society, 1660 - 1960* (London: The Royal Society, 1960). 在17世纪中期的英国,安德拉德写道:"人们普遍认为,伟大古典哲学家的著作是智慧的唯一泉源,所有的知识都发源于此。"特别是,亚里士多德的著作是所有科学问题的权威,比如地球力学定律,天体运动,以及光和颜色的性质。事实上,早在1692年,威廉·坦普尔爵士在一篇关于古代和现代学习的文章中,已经开始证明所有的智慧都属于古人(安德拉德,《简史》,第6页)。

的会面及不定期的通信。17 世纪 50 年代末,无形学院内部的一些人开始在伦敦的格雷欣学院(Gresham College)举行定期聚会。1660 年,在博学家克里斯托弗·雷恩爵士鼓舞人心的演讲之后,参加集会的这些人决定成立一所"促进物理数学实验学习的学院"。[①] 他们用 *Nullius in Verba*("不相信任何人的话"[*])为座右铭,来表明他们准备通过实验来寻求事实真相的决心,而不是简单地盲从和轻信。[②]

　　现如今,对传统观念的质疑、批判已经成为一种文化规范。但在那个特殊的年代,我们可能很难完全理解这些实验主义者宣称忠于科学的胆识。值得欣喜的是,他们的冒险得到了回报。1660 年初,经过长达 11 年的共和制过渡期后,英国恢复了君主制。由于新国王查理二世与坚定保皇派布朗克子爵之间有着深厚友谊,他对英国皇家学会的工作表现出了浓厚兴趣,并于 1661 年向英国皇家学会颁发了皇家特许状。

　　在沉睡了几个世纪后,科学界终于在皇家学会会员的带领下重新焕发出勃勃生机。17 世纪,随着追求自然世界客观解释方法的广泛传播,这些人针对一些传统思想中的问题相

---

① Andrade, *Brief History*, p.4.

* 译者注:Nullius in verba,字面意思是"不相信任何人的话",也有其他学者翻译为"他人之言不可轻信""不人云亦云""未经亲尝,切勿轻信"。

② Andrade, *Brief History*, p.25.根据皇家学会的说法,这种表达方式继续显示了"它对经验证据作为关于自然界的知识基础的持久承诺。"马森在贺拉斯的书信中将这句话翻译如下:"不受大师权威的约束。"作者则引自于多萝西·斯汀生《科学家与业余爱好者:英国皇家学会的历史》(New York: H. Shuman, 1949)。

互挑战，并通过可重复的、有文献记录的实验来寻求答案。可能是这里一位默默无闻的牧师，又或者是那里一位大学数学家，他们互相推动并竭尽所能地拓展知识的边界。正如托马斯·斯普拉特（Thomas Sprat）在《皇家学会的历史》（*History of the Royal Society*）中所描述的那样，"他们从来不受规则和方法的禁锢，相比于统一、持续或定期的质询，他们更愿意在一个小范围内互相交流、畅所欲言。"①

终于，一个新的知识时代诞生了。1687 年，在时任伦敦皇家学会主席塞缪尔·佩皮斯（Samuel Pepys）的支持下，艾萨克·牛顿（Isaac Newton）出版了广受赞誉的《自然哲学的数学原理》（*Philosophiae Naturalis Principia Mathematica*），标志着科学革命达到了高潮。随着该书的出版，被亚里士多德视为神圣的天体被纳入人类研究的范围，并被证明遵循可认识的数学规律。② 从更广泛的意义上说，正如后来的一位历史学家所言，"长期受亚里士多德学派阻碍的新学问，重新被大学接受，越来越多的人充满热情地投身到自然哲学研究。"③

正如赫伯特·巴特菲尔德（Herbert Butterfield）等人记载

---

① T. Sprat, *A History of the Royal Society* (London: Angel & Crown 1722, corrected version), p.56.

② W. C. Dampier, *A History of Science and Its Relation with Philosophy and Religion* (Cambridge University Press, 1929), p.149.

③ Dampier, *A History of Science*, p.149.

的那样，这个时代的新发现在科学史上具有史诗般的意义。[1] 然而，不被人们所知的是，皇家学会对开放的努力，对记录传播科学发现的重视，以及对科学传播的贡献也具有非凡的意义，这些社会创新即使和科学方法上的突破相比也毫不逊色。不同于中世纪神秘的炼金术士，皇家学会是公开运作的，只要能找到志同道合的伙伴（尽管他们似乎对中国的科学并不了解，但中国的科学在当时已经很成熟*），其成员都热衷于和世界上任何地方的实验主义者建立联系。借用皇家学会的首任秘书亨利·奥尔登堡（Henry Oldenburg，德国不来梅人，当时居于伦敦）的话来说就是，"和世界各地最富有哲学思想和好奇心的人愉快交流。"[2]

　　仅在欧洲大陆，奥尔登堡经常保持通信联系的人就包括：发表了动力学专著的荷兰学者克里斯蒂恩·惠更斯（Christiaan Huygens）；定居荷兰的法国人雷内·笛卡尔（René Descartes），他在著作中提出，经院哲学家（中世纪的哲学家，灵感来自亚里士多德）所公认的观点中隐藏着一些未经证实的假设；还有戈特弗里德·冯·莱布尼茨（Gottfried von Leibniz），一位几乎与艾萨克·牛顿同时发明了微积分的德国

---

① Butterfield, *Origins of Modern Science: 1300－1700* (London: Free Press, 1957).

＊ 译者注：此时中国大致处于清朝康熙年间（1661—1722 年），曾经辉煌一时的中国古代科技还具有最后的余晖，虽然已经落后于同时代的西方，但在现代科学建立以前，仍然占有一席之地。

② Stimson, *Scientists and Amateurs*, p.86.

人。皇家学会与意大利和法国类似团体的成员也建立了密切的通信关系。[①] 正如斯普拉特(Sprat)在谈到皇家学院成员时指出的那样，"他们几乎与所有国家都建立了联系，曾经有一个短暂的时期，凡是经过泰晤士河运送货物的船只，几乎都会载有他们订购的实验用品。"[②]

在现代科学早期，从某些意义上来讲，这种对广泛思想交流的重视是一种重要原则。那些受过良好教育的科学家，要么可以比较容易地找到资助者，要么自己拥有足够的财富。因此，他们可以根据兴趣自主开展调查、交流或者参加学术会议，而不需要受到政府资助的支配。[③] 在那个时代，大多数的手册、信件以及珍贵的书籍都是用拉丁语这种通用语言完成，这就使得很多国家受过教育的人都有机会看到实验结果。几乎所有的思想家都认为，他们的研究往往不是局限在某个特定的领域，而是基于全面理解自然的目标，从不同的视角切入。因此，早期的现代科学学研究很少受到制度、政治或学科的约束。[④] 这种情况大约一直持续到 18 世纪。此后，随着科学的进步，社会和政治因素不再游离在科学体系之外。

---

① 指意大利的自然秘密研究会、西门托学院、林琴学院，法国的巴黎科学院等。

② Sprat, *History of the Royal Society*, p.61.

③ Dorothy Stimson, *Scientists and Amateurs, A History of the Royal Society* (New York: Greenwood Press, second printing, 1968).

④ Rudolph Stichweh, "Science in the System of World Society," *Social Science Information* 35(1996): 327 - 40.

从无形学院到科学国家主义

19 世纪中期，随着科学共同体的发展和科学专业化程度的加深，欧洲的科学研究呈现出明显的职业化特征。[1] 唐纳德黛比·比弗（Donald deB. Beaver）和理查德·罗森（Richard Rosen）观察到，作为职业的科学家阶层的出现，是组织动态变革过程的一部分，这个过程堪称一场革命，将原本松散的业余科学家群体重组为一个科学团体。[2] 他们认为，这一变革过程的基础，源于科学界寻求外部社会支持的能力，以及外部社会实际能够提供支持能力的不断提高。[3]

随着公立实验室中受过实验训练雇员人数的增长，"科学家"一词开始被广泛使用。同时，越来越多的科学家开始关注那些与实际应用紧密相关的问题，例如，疫苗的开发和材料性能的改进等。

与此同时，科学越来越"国家化"。政府支持科研活动不再是什么新鲜事。例如，早在《大宪章》（*Magna Carta*）颁布之前，英国政府就在度量衡标准化方面发挥了重要作用*，许多更古老的文明也依赖于类似的标准化措施。此外，早期政府

---

① Donald deB. Beaver and R. Rosen, "Studies in Scientific Collaboration, Part I. The Professional Origins of Scientific Coauthorship," *Scientometrics* 1(1978):65 - 84.

② 同上，第 66 页。

③ 同上，第 67 页。

* 译者注:《大宪章》签署于 1215 年，其中一项重要内容是统一度量衡，保护商业自由。

就开始通过给创新成果授权专利,即一定时期内享有"垄断"权的方式来激励创新。例如,威尼斯共和国(The Republic of Venice)于 1474 年就确定了专利法的一些基本原则。一个半世纪后,英国《垄断法令》(British Statute of Monopolies)完善了发明专利授予的相关规定,将专利的有效期规定为 14 年。[①] 1663 年,第二份皇家特许状正式授予伦敦皇家学会将最新科学知识结集出版的权利。

专利、商标、度量体系及贸易规则的发展,都是为了对创造活动成果进行更好的支配和管理。政府对创新活动的管理不会早于科学活动本身,但它为科学职业化和知识的长盛不衰创了条件。经济学家约瑟夫·熊彼特(Joseph Schumpeter)指出,政府建立强制执行的法律框架,在鼓励冒险、引导创业等方面发挥了关键性作用。[②]

长期以来,为了促进科学的蓬勃发展,公共当局在机制设计方面一直发挥着重要作用。但相比而言,政府对科学的直接支持是最近才开始出现的现象。部分原因在于科学研究变得越来越昂贵,不是单个的赞助人或私人团体能够承担的。此外,随着科学研究越来越职业化,实验室逐渐从科学家的家里转移到大学和专门的研究机构,向政府申请资金成为研究经费的主要来源。例如,法国政府早在 19 世纪使用公共基金

---

① 在 1623 年通过《垄断法》之前,王室经常采用"销售专利书"的方式,为销售商品或服务授予垄断权以筹集资金。通过该法规,议会试图遏制这种做法。

② J.A. Schumpeter, *Change and the Entrepreneur* (Harvard University Press, 1949).

首先为一些专门实验室和博物馆提供了科研资助（一些意大利的城市可能在 18 世纪就通过科学协会提供研究资助，但并非持续地资助，也不是直接面向专业实验室）。令人困惑的是，英国在为科学组织提供公共财政支持和对科学职业化的认识等方面落后于其他国家。①

　　在美国，对刘易斯和克拉克（Clark）科考队的资助，通常被认为是联邦政府资助科学探索的首个官方范例。托马斯·杰斐逊（Thomas Jefferson）总统批准了这次考察，并亲自在最初的考察计划中增加了绘制西部地图的任务。但是，直到 1863 年国会根据《莫雷尔法案》（*Morrel Act*）特许建立美国国家科学院（National Academy of Sciences, NAS）以后，美国政府才做出对科学投资的制度性承诺。此外，《莫雷尔法案》还建立了赠地学院制度体系，为美国公立研究型大学系统的建立和发展奠定了坚实基础。

　　随着高等教育规模的扩大，科学家和工程师职业的声望也不断提高，越来越多的人选择进入科学领域。因此，到了 20 世纪，无形学院的国家色彩比波义耳时代更加凸显，同时，其规模更大、专业性更强。无论从哪方面来看，科学在 20 世纪的发展速度都是前所未有的。在富裕国家，训练有素的科学家、研究机构和科研预算的数量都呈现出指数级别的增长。科学家和科学史学家德里克·德·索拉·普莱斯（Derek de

---

① Beaver and Rosen, "Studies in Scientific Collaboration."

Solla Price)观察到,到 20 世纪 50 年代末,"无论对科学家如何定义,我们都可以说,当前社会中科学家的规模占到了有史以来所有科学家总数的 80%～90%……同时,现代科学的前沿性、重要性、权威性等宏观特征日益显现,以至于人们欣喜地创造了'大科学'这个术语来描述它。"[1]

从大科学到新型无形学院

"大科学"究竟有多"大"? 从 1923 年到 2005 年的 80 多年间,美国政府对研发项目(R&D;科学和技术的一个子集)的资助,从每年不到 1 500 万美元呈指数级增长到 1 320 亿美元(按不变价美元计算)。[2] 20 世纪末,被称为"富人俱乐部"的经济合作与发展组织(OECD)成员国的研发支出平均占到了国内生产总值的 2.2%。[3] 2000 年,全世界所有国家的研发支出总额达到了 7 290 亿美元。[4] 同时,由于科学设备支出和旨在加强科学能力建设的人力资本投资通常与研发经费分别进行预算,像数据收集、样本维护等也因为不被视为"活跃研究"而没有纳入统计,实际的科学技术相关活动支出至少要比账面上的研发

① Price, *Little Science, Big Science*, pp. 33 - 34.
② 作者从美国预算中与科学和技术相关部分摘录了这些数字。
③ OECD, *OECD Science, Technology and Industry Scoreboard 2005* (Paris: OECD Publishing, 2005).
④ National Science Board, *Science & Engineering Indicators 2006* (Arlington, Va.: National Science Foundation, 2006).

经费预算多 20%。① 因此，或许我们可以进一步认为，2000 年全球用于所有科技活动的公共支出可能超过了 1 万亿美元。

　　大科学的出现，与人们对科学价值认识的深化密不可分。经过三十年间两次全球冲突的洗礼，人们逐渐认识到，科学是维护国家安全的决定性力量。特别是，第二次世界大战以在广岛和长崎投掷原子弹而告终的经历，充分激发了国家支持科技研发的兴趣。普莱斯指出，"自第二次世界大战以来，我们不仅仅是从规模角度，而是从更广泛的横向和纵向关系视角，来重新审视科研实力、论文发表、政府支出、军事力量等方面的问题。"②

　　此外，在第二次世界大战之后的几年里，虽然难以准确直观描述，但科学和技术确实明显促进了经济的创新和增长。例如，在战争期间开发的许多重要技术（如雷达、青霉素、原子能和计算机），在战后的商业市场上已经产生了巨大的经济价值，这也直接推动了政府政策和科学共同体密切关系的建立。物理学家瓦内瓦尔·布什（Vannevar Bush）是战争期间美国国防部一个重要实验室的负责人，他在颇具影响力的《科学：无尽的前沿》（*Science: The Endless Frontier*）文章中指出：

---

① 这一估计是基于美国国家科学基金会的一项研究，该研究估计了专门用于基础设施的研究支出的比率。此报告在本卷的第 6 章中有更详细的描述。National Science Board, *Science and Engineering Infrastructure for the 21st Century: The Role of the National Science Foundation* (Arlington, Va.: NSF, 2003).

② Price, *Little Science, Big Science*, p.17.

1939 年,在战争即将结束之际,尽管工业体系还不成熟,但已经有数百万人从事无线电、空调、人造丝等合成纤维制品、塑料的生产。并且,如果我们想充分利用科学资源,那么这种事就仅仅只是开始,而不是结束。如果我们继续自然规律的研究,将新知识应用于实践,不仅可以建立新的制造业,许多过去的产业也可以得到极大的加强和快速发展。①

随着时间的推移,科研的应用价值成为科学投资的主要驱动力。雅各布·施穆克勒(Jacob Schmookler)在 1966 年指出:

在很长一段时间内,对科学(当然还有工程)的需求很大程度上来自日常生活物资的需要。越来越多的经验表明,电气电子学、化学、核物理等科学和工程分支,之所以能快速发展,源于其对技术变革的巨大贡献。如果没有对其"有用"的期待,这种发展速度是难以实现的。②

---

① Vannevar Bush, *Science, the Endless Frontier* (Arlington, Va.: NSF, 1989), available at (www.nsf.gov/od/lpa/nsf50/vbush1945.htm).

② Robert Schmookler, *Invention and Economic Growth* (Harvard University Press, 1966), p.177.施穆克勒表明,科学和技术可以被认为是经济活动的内生因素,这代表了与新古典经济思想的一个重要区别。尽管亚当·斯密和卡尔·马克思都注意到科学和技术对经济增长的重要性,但新古典主义经济学家认为它们是外生因素。1956年,罗伯特·索洛建立了一个具有开创性的新古典主义增长模型,发现土地、劳动和资本只能占经济增长的一部分。"剩余部分"似乎可归因于嵌入技术中的知识。即便如此,其他人也注意到,目前还没有明确的模型能够确定科学、技术和经济增长之间的因果关系。

促使美国政府在战后调整科技发展战略的驱动力,不仅来自军事技术创新的愿望,也来自民用技术创新的愿望。类似的情况,还有面对战后恢复挑战的欧洲和日本。由此,一些大型的联邦部门和地区机构,开始介入政府和科学共同体关系的处理。[①] 地区和地方层面公共资助项目,主要是为了推进科研成果的应用。[②] 例如,日本就专门建设了 60 多个 Kohsetsushi 中心[*],致力于促进科研成果在当地工业部门推广应用。

科学体系的变革,得益于在研究机构和职能部门间建立起的一系列沟通机制。随着科学的发展,以及这些沟通反馈机制的不断完善,政府部门、工业部门和大学研究部门之间的信息交流越来越顺畅。洛特·莱德斯多夫(Loet Leydesdorff)和亨利·埃茨科维茨(Henry Etzkowitz)曾经把创新系统中这三类机构间的相互联系、相互作用描述为"三重螺旋"(Triple Helix)。[③] 随着信息在科学系统的流动,研究机构的规模、使

---

① 在公共领域,这些类型的机构包括那些专门资助基础科学的机构,如美国的国家科学基金会。其他机构,虽然以任务为导向,但也有大量基础和应用研发预算。美国国防部和能源部就是这些机构的例子。

② 一些国家的政府创建了推广服务和地方中心,以提供农业和工程方面的技术支持。

* 译者注:Kohsetsushi 是由日本地方政府建立的技术转让组织,具有扩散传播科技知识(为当地小公司提供技术咨询服务)、研究发明(发表论文,申请发明专利,并将专利主要授权给当地小公司)以及科技中介(在遇到难以立即解决的技术问题时,他们将本地小公司与其他知识来源,如大学联系起来)三个功能。

③ Loet Leydesdorff and Henry Etzkowitz, "A Triple Helix of University-IndustryGovernment Relations: Mode 2 and the Globalization of National Systems of Innovation," in Science under Pressure (Aarhus: Danish Institute for Studies in Research and Research Policy, 2001).

命和功能也快速发展、演变。简而言之,部门之间的反馈,以及由此产生的机构变革,使科学、技术和政府机构成为共同发展、互惠互利的整体。

在少数富裕国家,大科学模式在提高科学能力和促进经济增长方面取得了惊人的成功,政府提供的基础设施和财政支持,帮助那些建立在科技基础上的部门实现了快速发展和繁荣。同时,工业的发展也受益于此类投资,能源和国防等公共部门更是如此。但是,对于那些无法进行此类投资的国家而言,无疑将自己置于更加不利的地位。从 1913年到 20 世纪 70 年代,最发达国家和最不发达国家的人均收入之比从 10 拉大到 29,许多经济学家将这种日益扩大的差距归因于应用科学的不平等。[①] 根据世界银行经济学家的说法,教育、科学等方面的投资对经济增长的影响,一点也不比实物资本投资逊色。[②] 因此,随着知识经济时代的到来,那些疏于对科学投资或者投资低效的国家,无疑将付出沉重代价。

在全球科学生产体系中,国家科技政策的体制机制仍然是最显而易见的部分。然而,科技体制机制作用的持续强化,也会在不经意间掩盖科学活动组织中发生的那些重要变化。

---

① Paul Bairoch and Maurice Levy-Leboyer, *Discrepancies in Economic Growth since the Industrial Revolution* (New York: St. Martin's Press, 1981).

② World Bank, *World Development Report: The Challenge of Development* (Oxford University Press, 1991).

自 20 世纪 90 年代以来,国家政策在指导科学研究方面的作用显著减弱,此消彼长,全球科学网络的影响力得到显著增强。科学网络影响力的快速增强,显然是受到全球科学能力的提高、通信技术的改善,以及旅行成本的下降等多方面因素的共同影响。但是,最重要的因素似乎存在于社会网络的内部。

在科学活动从国家系统管理到网络化治理转变的过程中,也出现了一些具有强烈震撼性的事件。例如,冷战的结束、欧盟的出现、电子和数字通信的崛起、商业的全球化等等。上述所有这些,都使人们意识到,世界正在发生根本性的变革。用托马斯·弗里德曼的话来说,就是"世界正在扁平化"。然而,从科学活动的具体分布来看,当今世界远未达到"扁平",科学的地形看起来更像是一座座高耸在平原上的山峰。换句话说,虽然对所有国家而言,获取知识和创造知识的能力,以及由此获得的收益都比以前有了明显提高,但融入科学网络的能力和进程在不同发展水平国家之间存在显著的差异,传统上占据知识生产核心位置的国家能力更强、进程更快。快速兴起的网络,使得科学的结构更加开放、透明,这为那些较贫穷国家参与全球科学体系创造了新的、更可行的机会。因此,对发展中国家的政策制定者而言,不应该简单复制、模仿美国、欧洲、日本等国 20 世纪的国家创新体系,而是要真正认识、理解那些驱动新兴自组织知识网络快速发展的关键力量,否则将付出高昂的代价。基于这种理解,发展中国家只有制定更有效、更可行的策略,才能提升自己在科学无形学院的成员地位。

什么是新型无形学院?

在全球科学系统中,人及人与人之间的交流塑造了无形学院。那么,我们首先要厘清的是,究竟什么类型的交流对无形学院的发展至关重要。如图 1-1 所示,科学网络中核心成员的合作关系主要可分为三种类型。像国际空间站或欧洲核子研究中心(European Organization for Nuclear Research, CERN)这样处于全球科学网络顶端的巨型科学项目(Megascience projects),其成员间的合作可能非常紧密,也可能非常松散。这些被大卫·史密斯(David Smith)和西尔文·卡茨(Sylvan Katz)称为"集团"(corporate)的伙伴关系,建立的初衷就是要实现某个特定目标。[①] 这些巨型科研项目的经费支出,虽然在整个国际科学事业中仅占很小的比例,但每个项目需要大量、长期的投入。例如,美国国会技术评估办公室(Office of Technology Assessment, OTA)在 1995 年的一项研究中估计,20 世纪 80 年代末和 90 年代初,巨型科学项目约占

① David Smith and J. Sylvan Katz, *Collaborative Approaches to Research*, *HEFCE Fund Review of Research Policy and Funding, Final Report* (University of Sussex, April 2000).

联邦（国防和非国防）公共研发预算的 10%。[①]

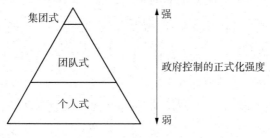

图1-1 国际科学合作的形式

　　许多巨型科学项目，需要有集中的场地、高度专业化的设备才能进行。这些项目的资金投入如此之大，往往需要大规模的国家和国际资助。政府官员通常会与科学家讨论这类设施的规划，并在研究开始之前就投入大量资金进行基础设施建设。因此，这些巨型科学活动的组织，可以被认为是"自上而下"（top-down）的。

　　相比之下，处于金字塔底端的合作项目，往往是"自下而上"（bottom-up）由个人发起并组织实施。例如，来自不同机构的两个或更多的研究人员，可能会组成团队共同撰写一篇论文，共同举办一次研讨会，共同开发一个数据库或共同指导一名博士后。这类合作的目标，在于通过知识、能力的共享互补更好地解决问题。但是，由于每个人可能会同时关注多个项

① OTA, *International Partnerships in Large Science Projects*, OTA‑BP‑ETI‑150 (Washington: U.S. Government Printing Office, July 1995).

目，同时与不同项目的人合作，对某个具体项目而言，并不需要其合伙人投入所有的时间精力。此外，这些项目的研究周期一般仅有1～3年，每个合作伙伴通常也需要自己筹集参与合作所需要的经费。总体而言，这种个人与个人的合作，是国际科研合作的主要形式。

和其他形式的合作比较而言，由个人组建团队的合作过程并不那么"透明"。一方面，资助方很难控制这些项目经费的实际用途；另一方面，资助方也不可能控制邀请谁加入研究团队。例如，追踪国际空间站这样的巨型科学项目的资金使用去向相对容易，但要追踪类似土壤科学等领域数百项非正式合作项目的资金就困难得多。因此，合作首先要考虑的，是那些源于研究需求，并直接有助于问题解决的项目。同时，在合作过程中，研究人员会通过专业网络寻找合作伙伴并建立起协作联系，这些联系是保障全球大多数科学团队运转的基础。

在"金字塔"顶部和底端的中间地带，还存在一种基于资源共享的正式的"团队合作"（Team Collaborations）项目。在这种合作模式下，资金通常被授予首席专家，首席专家再将资金分配给相对固定的其他项目成员。因此，这种团队合作虽然比纯粹个人之间的合作在组织上更为紧密，但由于在体量上显然没有达到巨型科学项目的规模，政府官员或其他机构代表在科研活动的指导和组织等方面能够发挥的作用也相对有限。

为了进一步剖析无形学院的运行架构,我们还可以将研究的组织方式(自上而下或自下而上)与研究的执行方式、分布特征(集中式或分散式)放在一起进行分析。集中式的研究活动,由于需要特定机构、特殊资源或特殊设备的支持,往往会在某个特定的地点进行。分散式的研究活动,可能有一位总负责人,也可能会把项目分解成若干个子项目,分别由不同的人负责,研究活动可以在不同的地点同时进行,最后由负责人对研究结果进行汇总整合。因此,我们可以把研究活动区分为以下四种类型:

类型 I:大科学项目。这类项目通常是指那些广为人知的"重量级"研究项目,如国际空间站或国际大型强子对撞机(Large Hadron Collider,一个位于瑞士的国际核聚变研究设施)项目。这类科研活动一般采用自上而下的组织方式,不仅高度集中,而且会专注于特定的研究目标。[1] 同时,政府官员经常会针对巨型科学项目的财政资助和任务使命进行沟通协商,以便使其更好地服务于政治需要和科学发展。

类型 II:地缘式项目。这类项目通常是指那些针对特定地点、特殊资源的研究项目。研究人员会亲自前往这些地点开展研究,或在条件具备的情况下远程获取该地的相关数据,对数据进行分析。例如,许多国家的政府部门和研究机构共

---

[1] See Peter Galison and Bruce Hevly, eds., *Big Science: The Growth of Large-Scale Research* (Stanford University Press, 1992), and Karin D. Knorr-Cetina, Epistemic Cultures: How the Sciences Make Knowledge (Harvard University Press, 1999).

同在南极建立了国际研究中心。再如，由于热带雨林的环境无法在欧洲复制，研究人员就必须亲自前往森林开展实验研究。这类项目具有集中化管理的特征，也就是说，科研活动是在特定的地点搭建起一个合作架构，并由一位管理者负责组织协调。值得注意的是，该类项目同时也体现出自下而上的组织特征，即科学家负责制。

类型Ⅲ：参与式项目。这类项目是指那些看起来自上而下集中统一规划，但在许多地方分别进行研究活动的项目。事实上，这种分散的研究活动的边界并不那么泾渭分明，也就更难管理。例如，人类基因组（The Human Genome Project）虽然由一个领导团队负责规划组织，但研究任务分散在六个国家的几十个实验室，项目参与人来自世界各地。从运行机制上看，这类项目有点类似于一个并行的网络，具体研究活动可能并没有明确的牵头人，研究人员也可以完全自愿的方式加入研究团队，并且，项目成果可以被广泛地共享和传播（每天结束时，人类基因组计划的专家们都会在互联网上发布研究结果）。

类型Ⅳ：协作式项目。这类项目是指那些由科学家发起，同时在多个地点、多个实验室进行的科学活动项目。其中，全球生物多样性资讯中心（Global Biodiversity Information Facility，GBIF）是一个自下而上、分布广泛的研究活动的代表，涉及数十个国家的数百名研究人员。GBIF 网站只是负责对这些分布在世界各地的研究人员的研究成果进行汇总,并发布在互联网上以供免费查阅。[1]

在地震学等研究领域,可能会采取更加分散、完全平等的合作方式,只是在各种会议上,研究人员会向同行分享数据和信息。可见,这些学科领域的国际活动,网络化特征最显著,但组织性最微弱。

总之,当前所有的研究正在变得越来越需要连通、越来越注重合作、越来越网络化。[2]然而,我的研究表明,在所有的合作研究中,分散式的科研活动似乎比集中式的科研活动增长得更为迅速。此外,为了保障协作式科研活动和参与式科研活动的有效开展,政策制定者正面临巨大的挑战。例如,如果研究分散在不同的地方,如何才能把知识整合成一个有效整体? 如何才能使知识在各地得到合理利用? 如何对任务和资源进行分配才能兼具效率和公平? 这些都是本书要回答的问题。

谁资助了新型无形学院

表1-1显示了全球科学合作的不同资金来源。实际上,

---

① www.gbif.org.

② This point has been made in a number of publications, including Michael Gibbons and others, *The New Production of Knowledge: The Dynamics of Science and Research in Contemporary Societies* (London: Sage Publications, 1994), and John Ziman, *Prometheus Bound: Science in a Dynamic Steady State* (Cambridge University Press, 1994).

无论是从直接拨款还是间接拨款来看,政府部门的资金投入都高于私营部门。其中,私营部门似乎越来越倾向于对国际合作项目的支持,但因为他们并不对纳税人负责,财政投入的实际支出更难以追踪。尽管如此,私营部门在国际合作中的投资,可以从其资助的已注册或公布的合作研究联盟数量的增长中得到体现。[①]

表1-1　国际合作研究的资金来源

资金来源	实例	任务目的
政府机构、研究所、公立大学、特殊项目	国家科学基金会、弗劳恩霍夫研究所、CNRS、瑞典发展援助研究所	国防、外交关系、能力建设、鼓励创新
类政府机构	世界银行下属的 CGIAR、世界卫生组织、北大西洋公约组织	能力建设、扶贫、公共卫生、粮食生产
非政府组织	洛克菲勒基金会	能力建设、扶贫、公共卫生、粮食生产
私营企业	思科系统公司、万国商业机器公司、西门子股份公司	创新、融入市场、降低成本

CGIAR(Consultative Group on International Agricultural Research)= 国际农业研究磋商组织;CNRS= 国家科学研究中心。

---

① Nicholas Vonortas, *Cooperation in Research and Development* (Boston: Kluwer, 1997).

值得关注的是,虽然各国政府对全球科学资助的规模巨大且影响深远,但政府的预算和实际支出是两码事。只有在极少情况下,政府才会为国际科学项目提供资助。政府对科学的资助,首要目标在于促进本国的发展,这也无可非议,因为他们使用的是纳税人的钱。当然,这些目标可以是明确、直接的,例如发展太阳能;也可以是模糊、间接的,比如为了促进经济增长而加大对知识储备的支持。鉴于政府对国家优先事项的关注和对公众的责任,除非能够感受到明显的预期成效,政府一般不愿意将预算用于国际合作项目。有研究表明,在科学发达国家,政府对国际合作项目的直接资助可能仅占研究和发展基金总额的 5%～15%。[1] 并且,这些资金通常被用于巨型科学项目或国际组织。例如,在"人类前沿科学计划"(The Human Frontier Science Program)中,大部分预算都投入到生命科学基础研究的国际合作上。[2]

对国际组织而言,即使是像北约(North Atlantic Treaty Organization,NATO)那样关注点不在科学活动的组织,都能够将大部分的资源用于国际研究活动(就北约而言,这一过程

---

[1] 根据作者对科学发达国家研发预算的摘录。

[2] 人类前沿科学计划(见 www.hfsp.org/)为来自不同国家的科学家团队提供研究资助。他们希望结合他们的专业知识以解决单个实验室无法回答的问题。重点是进行新的合作,将来自不同学科(例如,来自化学、物理学、计算机科学和工程学)的科学家聚集在一起,共同关注生命科学中的问题。资金主要由日本政府提供,以及其他七国集团国家和澳大利亚、印度、韩国、瑞士、新西兰和由欧盟委员会代表的非七国集团成员国的支持。

是通过其"促进和平与安全的科学计划"进行的）。但是，与政府和企业相比，国际机构的总体支出水平还非常低。此外，非政府组织虽然为科学和技术相关项目提供了大量资金，但这些资助往往是以明确的任务为导向，如作物研究或疟疾疫苗的开发等，国际合作并不是其直接的目标。这样一来，专门用于国际活动的一小块预算很快就会被耗尽，但这只是故事的开始。此外，一些机构还通过投放项目来间接地资助和影响合作组织。但在这些项目中，国际合作并不是其目标的一部分，而只是其达成目的的手段。例如，在通常情况下，团队合作项目并不会因为其国际性而得到资助，而是因为其研究的卓越性。国际农业研究磋商组织（Consultative Group on International Agricultural Research, CGIAR）赞助的项目即属于此类，美国国家科学基金会、日本教育科学文化部（The Japanese Ministry of Education, Science and Culture）政府机构资助的项目也属于此类。同样地，个人与个人之间的合作，虽然也要依赖于政府的资助，但他们在项目申请和批准时并不能准确预料到未来需要的合作。

因此，那些试图统计专门用于国际科学合作资金的所有努力，可能都极具误导性。一方面，政府对国家科学活动的资助已成为常态，但对巨型科学研究项目的资助只占公共预算的小部分；另一方面，国家科学基金经常对国际合作提供全方位的资助，但在预算统计中又难以准确体现。总之，要估算公共支出中用于全球科学活动的具体份额的数量，并不能简单基于预算，而是必须建立一套完全不同的指标体系，这将在接下来的第二章中进行讨论。

新型无形学院新在何处？

不同国籍的研究人员间的合作一直存在。同时，无论是为了促进科学发展还是争取外交主动，还是两者兼而有之，各国政府长久以来也一直在做出支持国际合作的努力。那么，新型无形学院究竟新在何处？"曼哈顿计划"（Manhattan Project）也许是 20 世纪最具代表性的巨型科学项目，正是汉斯·贝特（Hans Bethe）和爱德华·泰勒（Edward Teller）这两位来自饱受战争蹂躏的欧洲大陆的移民，被隔离在新墨西哥州的洛斯阿拉莫斯（Los Alamos），与美国科学家并肩作战成功制造出了世界上第一颗原子弹。

直到今天，这种由政府主导的国际合作仍在继续。但是，我们可以通过观察跨国界交流导致的"国际（International）"科学和"全球（Globle）"科学"天平"的摇摆，来窥探新型无形学院的"新"之所在。尽管表面上来看，国际科学和全球科学的表述是如此相似，但实际上这两个概念有着明显的区别。国际科学，是指人们在多个国家开展的研究工作，以及那些使用多个国家的设备和资助开展的研究工作。从根本上来讲，国际科学合作是国家与国家之间的合作，研究人员在各自政府的支持和保护下一起工作。如果我们注意到 20 世纪科学的一些特征,例如以巨型科学项目主导国际合作议程,以政治条约"绑架"科学合作等,就不难理解,国际科学的运行机制与科学国家主义的意识形态是吻合的。

相比之下,全球科学描述的是,无论研究人员身处何地,都可以自由地联合起来,形成合力来解决共同面临的问题。全球科学的发展,并不是因为国家层面的直接推动,而是因为它满足了知识创新体系内不同个体的需求。因此,科学的全球化与商业的全球化具有一些共同的特点,即都超越了民族国家自身的利益。但与商业全球化不同的是,全球科学的增长主要并不是由金融需求驱动的。因此,一方面,正是知识生产共同体的存在,才催生了无形学院;另一方面,正是人们开展创新和创造性研究的愿望,使得知识生产共同体的规模不断扩大,进而推动了无形学院的进一步发展。在下一章中,我将更深入地对这些动机进行讨论,并展示它们是如何影响无形学院发展的速度和趋势的。

第二章
网络化的科学

　　"人们始终在如此精确地遵循着一个简单的规律，这是令人惊讶的。通过对皇家学会早期著作和 20 世纪《化学文摘》中数据的比较可以发现，长久以来，科学生产力的格局并没有发生什么变化……这揭示了我们所记录信息背后的一些事情。"

　　　　——德里克·德·索拉·普莱斯(Derek De Solla Price)，

　　　　《小科学，大科学》①

　　那些能够被觉察到的推动新型无形学院出现的力量，也可以被用来提高科学活动的生产力，改善科学活动的布局。本章将借鉴政治学、社会学、数学和计算机科学等学科的最新研究成果，来对此进行分析。总体而言，那些社会系统变迁研

---

① Derek de Solla Price, Little Science, Big Science (Columbia University Press, 1963),
　　p.43

究中使用的新方法，不仅可以用来揭示全球网络的结构化过程，还可以用来预测结构化过程的可能性和规律。但是，就像无形学院那样，对科学活动进行重组并不是一种新鲜事物。例如，对于当前计算机科学在系统理论、复杂性理论和控制论等领域取得的进步，可能会让 17 世纪的大师们感到困惑（或受到启发），但他们已经察觉到了复杂系统的"不可化归性"。事实上，在伦敦皇家学会委托开展的首批研究工作中，就特别强调了这一点。

既要看到树木，也要看到森林

皇家学会在成立后承担的第一批正式科研任务中，有一项来自皇家海军。尽管当时皇家学会的会员多是研究天体的人（这可能是海军感兴趣的一个主题），但皇家海军提出的科研需求却是关于树木。这是因为，皇家海军的长官们对当时木材的持续供应感到担忧。一艘军舰需要多达 3 800 棵树提供木材，而这大约相当于 75 英亩森林的种植量。并且，在 17 世纪的英格兰，森林是一种重要且正在减少的自然资源。因此，有关森林恢复和可持续性开发的相关信息对国家安全来说至关重要。同时，当时森林的乱砍滥伐已成为一个严重的问题，其社会影响远远超出了皇家海军自身的利益。

研究树木和森林管理的任务，被分配给了皇家学会的会员约翰·伊夫林爵士（John Evelyn），一位能干的园艺家。作为一名拥有土地的绅士，伊夫林爵士利用自己多年的研究，编制了一份内容全面、翔实的本土树木资料汇编，以至于在他的著作《林木志——森林树木与传播的话语》（*Sylva, or A Discourse of Forest-Trees and the Propagation of Timber*）于1664年出版之后，他就一直被称为"希尔芙（Sylva）"。值得一提的是，《林木志》是英国皇家学会首任会长威廉布隆克子爵委托出版的首批图书之一。

　　每个17世纪的英国人都会知道一棵橡树的生长来自橡子，那么为什么要委托开展对这个主题的研究呢？问题不在于知道一棵树是如何发芽的，而在于理解不同植物之间以及树木与其生长环境之间的相互作用。这些相互作用，不仅决定了单棵树木的健康状况，也决定了整个森林的健康状况。伊夫林从他多年系统研究园艺学的直觉中意识到了这一点。在《林木志》中，伊夫林将森林作为一个生态系统进行了讨论——尽管当时还没有使用"生态系统"这个术语，因为该术语直到20世纪才开始被使用。伊夫林描述了森林生态系统的组成部分（土壤、水、植物和动物）以及它们作为森林的一部分所涌现出的新规律。同时，他展示了这些物质的和生物的组成部分如何相互关联，以及它们如何与兼具合作和竞争特征的环境相互作用。

　　简而言之，《林木志》确立了一片森林就是一个复杂自适应性系统的观点。首先，它是复杂的，这是因为它由许多不同的、相互作用的元素组成。其次，它是有适应性的，因为它可以随环境的变化而变化，以及随环境中某个组成部分的变化而变化。最后，它是一个系统，因为它是一个有组织的集合，这种集合形成了一个可识别的整体。与大多数的复杂自适应系统一样，森林也是开放的。一方面，新的元素可以跨越其边界融入系统；另一方面，现有部分也可以退出系统且并不会导致系统崩溃。从我们研究的角度来说，最重要的也许就在于森林的这种涌现性。

涌现性系统是自发形成的，而不是通过法令来计划或构建的。同时，此类系统的组织也不是由哪个政府、哪个团体或哪个规划决定的。一旦组织成一个可识别的单元，涌现性系统就形成了一个有机整体，其形式和功能就会超过其各个部分的总和。例如，如果我们仅仅是将构成一棵树的所有元素（水、气体、矿物质等）混合在一起，再多的愿望、等待或期望都无法创造出一棵树，更不用说一片森林了。总之，树不能简单由其组成部分构建，也不能说减少了一些部分后仍然是一棵树。无形学院也是如此。

作为复杂自适应系统的无形学院

就像一片森林，无形学院也是一个复杂的自适应系统。首先，它是复杂的，世界各地数以百万计的研究人员以竞争和合作的方式进行互动，但并没有一个统一的行动指南。其次，它是自适应的，无论是无形学院还是其内部的研究人员，都会对不断变化的环境条件作出响应，例如资助组织的优先事项或新发现的变化。正如罗伯特·阿克塞尔罗德（Robert Axelrod）所指出的那样，这种自适应"可能是在个体层面上通过学习实现的，也可能是在群体层面上通过更成功个体特别的生存和繁殖方式实现的"[1]。换句话说，某些科学家可能会选择追求新的问题，那些在新条件下取得成功的人，最终可能会培养出更多、更有才华的学生来继续他们的工作。

无形学院是一个系统，是那些对科学知识有着共同追求的人和机构的集合。因此，它是开放的，科学家既可以跨领域交叉，也可以开辟全新的研究领域。20世纪初生物化学的发展就是一个很好的例子，化学和生物学在开始时是两个相互独立的领域，但后来发现，两者间有越来越多的共同基础可以支撑主题和研究目标的整合。随着它们的相互作用变得越来越复杂并通过制度得以固化，就出现了新的子领域——生物化学。研究人员发现，生物化学是当前所有科学领域中跨学科程度最高的。[2] 纳米科学这一新生子领域也正在经历类似的过程，虽然仍尚未给出明确的定义，但它正在从物理学、化学、材料科学和生物学的整合中孕育出来。[3]

---

[1] Robert Axelrod, *The Complexity of Cooperation: Agent-Based Models of Competition and Collaboration* (Princeton University Press, 1997), p.4.

[2] K. Boyack, R. Klavans, and K. Börner, "Mapping the Backbone of Science," *Scientometrics* 64, no.3 (August 2005):351 - 74.

[3] Many articles address this phenomenon; in particular, see L. Leydesdorff, "The Delineation of Nanoscience and Nanotechnology in Terms of Journals and Patents: A Most Recent Update," *Scientometrics* (2009, forthcoming).

　　最后要指出的是，正如新领域兴起所示，无形学院是涌现的，不需要一个专门机构来支配其如何组织、如何发展。与之不同的是，无形学院发展的方向是由科学家之间的互动塑造的，他们相互交流以分享那些新发现以及对结果感到的困惑，并在需要时建立伙伴关系，也会不断改变研究路线以应对新的机遇和限制。科学家通过决定开展何种类型的研究、与谁合作，以及何时、何地、如何进行研究，共同决定了科学活动如何形成以及知识如何发展。

　　总之，为什么说将无形学院描述为一个复杂自适应系统至关重要？这是因为，物理学家已经找到了测量这类系统的动力学方法，至少有概率能够预测出它们将如何演变。同时，尽管无形学院内的活动在很大程度上是自主的，但并不是随机的，而是会遵循可识别的模式和规则。通过揭示这些模式和规则，我们不仅可以了解无形学院的运作方式，还可以了解政策制定者如何影响其演变、成长，以及如何分配其利益。

　　实现这一目标的第一步，是要认识到无形学院是一种特殊的复杂自适应系统——一个"无标度网络"。要理解"无标度网络"究竟意味着什么，我们围绕以下三个问题进行讨论：什么是网络？什么是无标度网络？这些网络是如何运作的？

什么是网络

　　网络是用来描述行动者或事物之间所有关联关系的常规方式，是由那些相互独立但又有可能相互依赖的组件构成。以交通网络为例。首先,一个交通网络是由机场、公共汽车路线、高速公路等各个部分组成;其次,这个交通网络同时又是更大的交通网络的一个子系统;最后,这个交通网络的机场等各组件又都可以独立存在。因此,网络组件、网络、更大的网络三者之间的相互连接,为创造新的效能提供了土壤。同样,在无形学院内部,研究团体、学科领域和机构可以独立存在,但如果与系统的其他要素建立起联系,就可以大幅提升其价值。

特别需要提及的是,无形学院有一个区别于交通或其他基础设施网络的典型特征,即无形学院的成长完全源于其成员彼此间交流的兴趣,换句话说,它是一个涌现性系统。要进一步了解无形学院中的各种联系,可以关注相关出版文献。

无形学院特别适合作为社交网络进行分析,因为它提供了大量关于其生成关系的数据。例如,可以收集参与特定项目或受雇于特定机构的科学家的姓名,然后追踪他们之间的联系。[①] 科学文章的作者通常通过引用、参考文献或书面致谢来表明对其他研究人员思想的借鉴。[②] 此外,还可以进一步收集有关合作方式的证据,如科学家与其他领域、机构和国家的

[①] As an example, see Caroline S. Wagner and others, *Evaluation of NETworks of Collaboration among Participants in IST Research and Their Evolution to Collaborations in the European Research Area (ERA)*, Monograph 254 - EC (Leiden, Netherlands: RAND Europe, 2005).

[②] C. Lee Giles, Isaac G. Councill, and J. N. Gray, "Who Gets Acknowledged? Measuring Scientific Contributions through Automatic Acknowledgement Indexing," *Proceedings of the National Academy of Science* 101, no.51(2004):175 - 604.

研究人员合作的程度等。所有上述这些数据，都有助于揭示已发表成果背后的知识网络。

　　无形学院的产生绝非偶然，而是基于研究人员经过深思熟虑后作出的共享资源的决定，特别是涉及长期合作的承诺。当然，在做出此类决定时，个人会权衡成本和收益。这是因为，建立伙伴关系的成本可能很高，除了直接的时间和资金成本，还要考虑到由此带来的机会成本。此外，合作还要求研究人员放弃其对数据或结果的独占性要求（如 BeppoSAX 项目所示）。因此，在非定向网络中，要实现信息在合作伙伴之间的双向流动，就要求参与者必须共享有价值的（互惠）信息或提供（互补性）资源。总之，参与并不是免费的。由此不难理解，尽管网络可能会对新成员开放，但潜在的新成员必须有一些东西可以分享，例如经验或资源，才能使其对现有成员具有吸引力。[1] 此外，随着网络的成熟，加入的门槛也会不断提高。例如，一个已经顺利工作一年的研究团队，不太可能欢迎新人，除非他能够带来变革性数据或具有独特的研究能力。

　　那么，科学家在研究网络中作出贡献的同时，又能得到什么回报呢？显然，直接的好处通常包括，获得特定或稀缺的资源、互补或整合能力、广泛的人脉等，当然还有研究经费。[2] 例

---

[1] 每个行动者的付出和收获并不相等，有些人可能付出更多，有些人可能索取更多。问题在于网络作为一个整体是否平衡了（互动的）给予和接受。

[2] 当来自两个领域的研究人员合作以改善研究成果时，就会形成互补能力。然而，这两个领域保持着各自边界的完整性，合作研究并不有助于定义一个新的领域。当来自两个领域的研究人员走到一起，创建一个新的研究领域时，这种研究被称为"整合"。

如,科学家可以利用伙伴的网络来获得一些稀缺资源,如土壤样本、独特的数据、伽马射线爆发的位置等等。这些直接的好处通常是推动特定伙伴关系形成的重要因素。

然而,合作的间接好处也不能忽略,并且至少与直接的好处一样重要。其中很重要的一点,在于通过建立研究伙伴关系,科学家加强了在无形学院广阔网络中的成员地位。在合作的过程中,通过科学网络之间的弱联系(即同伴之间的联系,能够提供有用的信息,本章稍后将详细解释),研究人员获得了更多接触全球自由流动思想和信息交流的机会,这些思想和信息可能会为他们的研究带来意想不到的帮助。诸如无形学院之类的社交网络,正是通过提供信息链接的方式,部分实现了上述功能。同时,鉴于研究社区的规模,一个人不可能认识其他所有拥有潜在有用知识的人,甚至也不知道这些人是谁。因此,在对需求信息整合以后,无论是通过通信联系等正式渠道,还是通过口口相传等非正式渠道,科学网络都为信息发布提供了一个基础平台。

更重要的是,社交网络通过建立信任促进了知识和资源的共享。[①] 通过促进持续的互动、信息的流动(包括至关重要的关于个人声誉的信息)和群体规范的演变,团队成员间形成了弗朗西斯·福山所说的具有共同道德价值观的共同体。福山认为,"因为事先的道德共识为社区成员提供了相互信任的

---

① Francis Fukuyama, *Trust: The Social Virtues and the Creation of Prosperity* (New York: Free Press, 1995).

基础,团队并不再需要广泛的合同和法律。"[1]有人将网络的这一基本特征描述为"社会资本"。[2] 但正如该术语所暗示的那样,作为一种商品,社会资本是可以获得、积聚和花费的。并且,它主要是通过(发展)学习和遵守社区规范、运用共同语言(如试着和物理学家说物理学的语言)和展示共同价值观来获得。因此,正如福山所指出的,社会资本不能由个人单独行动获得——它是基于群体的社会属性而不是基于个人特性的财产。

　　比较而言,只有在具有广泛社会资本的科学网络中,合作似乎才更有可能出现,而且更有成效。此类网络的成员之所以更愿意自由地共享信息并对合作项目做出更长期的承诺,是因为他们更有信心从这些承诺中得到回报,即互惠原则会得到一致遵守。显然,互惠和公平的网络特征(以及违反这些规范不太可能被容忍的观念)有助于减轻科学家对其他研究人员的一些担忧,例如窃取数据、伪造结果或将共享工作据为己有等。换言之,在那些几乎没有社会资本的稀疏网络中,由于考虑到共享信息可能带来的风险,会让科学家在几乎没有交流的情况下独自开展工作,并导致效率的降低(想想典型的

---

① Fukuyama, *Trust*, p. 26.

② 20 世纪 90 年代,政治学家罗伯特·D. 普特南(Robert D. Putnam)在很大程度上重新唤起了对社会资本的兴趣,见: Robert D. Putnam, Robert Leonardi, and Raffaella Y. Nanetti, *Making Democracy Work: Civic Traditions in Modern Italy* (Princeton University Press, 1994); and Robert D. Putnam, *Bowling Alone: The Collapse and Revival of American Community* (New York: Simon & Schuster, 2000).

疯狂科学家)。数据表明,科学家们越来越多地寻求在那些合作色彩浓厚的团队工作,既可以创造社会资本,又受益于社会资本。从理论上讲,社会资本可以帮助我们实现那些在社会资本匮乏环境下难以企及的目标。[①]

　　无论从学科还是分支学科层面来看,通过将科学从业者组织成具有自我认同和自我选择的集群,无形学院都能够促进社会资本的创造,并最终促进知识的创造。通常情况下,学科的界限是模糊的,例如,生物化学与分子生物学在实践中并没有体现出什么不同。但奇怪的是,在某些时候,无论是局内人还是局外人,都可以说一个人属于这个学科领域而不属于那个学科领域。显然,这种学科归属的划分,是基于研究人员掌握的知识、培养的过程、重点作出哪方面的贡献、从哪里获取资源,以及个体如何定义自己所做的事情。就像瑞典的乌拉·伦德斯特罗姆(Ulla Lundstrom)那样,虽然她作为一位著名的环境科学家已经广为人知,但也不会阻碍人们认可她在土壤科学研究中的观点和贡献。这种认同,部分来源于她研究的主题,但更重要的,是来源于土壤科学家能够接纳她在土壤科学家网络内进行交流。[②] 正是通过他们相互的赞赏、共同的话题以及彼此的信任,才得以

---

① 社会资本的好处是由詹姆斯·科尔曼(James Coleman)提出的,"Social Capital in the Creation of Human Capital," *American Journal of Sociology* 94 (*Supplemental: Organizations and Institutions: Sociological & Economic Approaches to the Analysis of Social Structure*, 1988):s95 - s120.

② 源于作者 2003 年 9 月 17 日进行的电话访谈。

形成一个社会共同体。同时,在这个共同体中,一些人是他们之前就认识的,但另一些人,是通过网络成员的介绍才认识的。

最后需要指出的是,科学领域中的这种研究群体想要发展壮大,就必须在群体认同的稳定性和变革性之间找到某种平衡。一方面,在每个学科领域或分支领域,都会发展出一套共同的术语和技术规范。通过对这一系列普遍接受的原则和信息的整合,研究人员可以加速获取新的知识。换言之,每个新的实验或发现都需要建立在一个共同的框架上,没有人被迫重新发明轮子*。这种在术语、规范等方面的信息储备,可以被认为是一种"知识资本",或者用托马斯·库恩(Thomas Kuhn)的话来说,是一种"科学范式"(scientific paradigm)[1]。但另一方面,如果最终都没有新的思想、新的知识生产方式出现,该领域就无法发展和进步。一般而言,为了回应这一关切,研究团体往往会通过具体的规则、规范的变革,来认可、部分接受乃至挑战主流范式。

什么是无标度网络?

为了对新型无形学院的特殊性质有更深入的了解,我们

---

* 译者注:美国常用的俗语,指某个人认为自己想到了一个非常好的新主意,但是实际上这个主意别人早就想到而且已经实施了。

[1] Thomas Kuhn, *The Structure of Scientific Revolutions* (University of Chicago Press, 1962).

可以使用网络理论的语言将其结构可视化。通常情况下,网络的元素被称为节点(nodes)或点(points),节点之间的连接或联系被称为链接(link),通过在点与点之间的连线就可以将链接可视化。同时,那些具有大量链接的节点被称为枢纽。图2-1对这些特性和一些基本元素进行了描述。以美国航空运输系统为例,无论每个机场的规模如何小,都是一个节点,机场之间的航班则是链接,而丹佛和亚特兰大等主要城市的大规模机场是该网络的枢纽(hubs),它们负责把旅客汇聚到一起并将他们送上旅程。

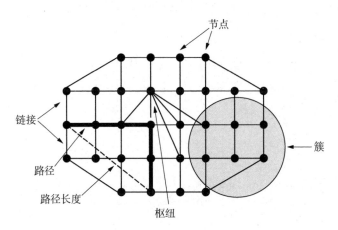

图2-1 社交网络的特征

显然,如果将每个研究人员表示为一个节点,并将他们之间的联系(培养、共同作者等)表示为链接,就可以用完全相同的方式将无形学院可视化。接下来,如果我们通过构建一个图表来分析研究人员之间联系的相对频率,其中每个垂直条代表拥有特定数量链接的人数,就会发现一个非常有趣的分布。我们预期的分布,可能服从大家熟悉的钟形曲线形式,其中少数人有一个或两个链接,而另外的少数人可能会有数千个链接,其余的介于两者之间。但事实上,从我们构建的图表来看,链接的分布是无标度(scale-free)的,遵循数学家所说的"幂律(power law)"。①

如图 2-2 所示,幂律分布*沿纵轴从高处开始,然后迅速下降。我们将这种幂律分布曲线与正态分布这样的钟形曲线进行对比,可以发现(见图 2-3):正态分布在平均值处达到峰值,其平均值和众数(最常见的值)大致相同。比较而言,幂律分布在其最低值处达到峰值,平均值位于峰值右侧的某处。然而,平均值绝不是典型的*。因此,遵循这种分布的网络就被称为无标度网络。②

---

① 任何节点 k 连接到任何其他节点的概率与 1/kn 成正比,n 的值趋于落在 2 到 3 之间。Barabási and Bonabeau, "Scale-Free Networks," *Scientific American* 288, no. 5 (May 2003):60 - 69.

* 译者注:幂律分布有两个特点,一个特点是个体的尺度可以在很宽的范围内变化,这种波动往往可以跨越多个数量级,例如 GDP、人口,另一个特点是其概率分布曲线有一条向右偏斜得很厉害的长"尾巴",也就是说绝大多数个体的尺度很小,而只有少数个体的尺度相当大,因此也称为长尾分布。

* 译者注:就是说平均值并不是一组数据中出现次数最多的那几个数,因为幂律分布中右边的数虽然在频次上较低,但由于其绝对值很大,一般而言,幂律分布的平均值要明显大于众数。

② 同①。

具有特定链接数的节点比例（百分比）

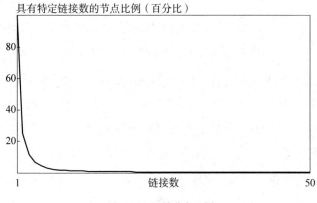

图2-2 幂律分布示例

具有特定身高的男性数量

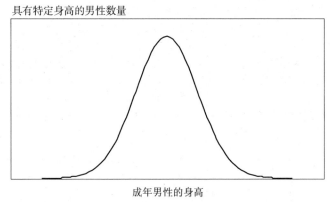

成年男性的身高

图2-3 正态分布示例

　　许多分析师更喜欢以对数形式来呈现幂律图，即在两个轴上都使用对数刻度，将图2-2所示的曲线转换为向下倾斜的直线。这样，幂律图就可以更好地体现复杂自适应系统的典型特征。[1]

在从互联网到单个细胞中蛋白质相互作用的各种环境中,我们都可以非常容易地找到无标度分布。[2] 在所有这些系统中,少数元素非常大(频次很高)或链接良好,而绝大多数的元素非常小(频次很低)或基本上孤立。以万维网(The World Wide Web)为例,尽管像谷歌这样的少数网站获得了最大的流量份额,但大多数网页每天的点击量不会超过个位数。[3] 为互联网提供支撑的网络线路也是如此。[4] 同样,世界各地的城市系统也呈无标度分布,在少数几座超大规模城市之后是更多一些的大城市,再往后是许多小城市和成百上千的小城镇。同样的分布也适用于财富,世界上只有少数亿万富翁和稍多

[1] According to Mark Newman, "The power law is a distinctive experimental signature seen in a wide variety of complex systems. In economics it goes by the name 'fat tails,' in physics it is referred [to] as 'critical fluctuations,' in computer science and biology it is 'the edge of chaos,' and in demographics and linguistics it is called 'Zipf's law.'" Newman points to the possibility that "several other features of many complex systems including robustness to perturbations and sensitivity to structural flaws, may be the result of the design or evolution of systems for optimal behaviour." M.E.J. Newman, "The Power of Design," *Nature* 405 (May 25, 2000): 412 - 13. See also note 22.

[2] Barabási and Bonabeau, "Scale-Free Networks."

[3] Albert-László Barabási and Reka Albert, "Emergence of Scaling in Random Networks," *Science* 286 (October 1999): 509 - 15.

[4] Michaelis Faloutsos, Petros Faloutsos, and Christos Faloutsos, "On Power Relationships of the Internet Topology," in *Proceedings of the ACM SIGCOMM '99 Conference on Applications, Technologies, Architectures, and Protocols for Computer Communication, August 30-September 3, 1999* (*Cambridge, Mass.: Association for Computing Machinery[ACM],* 1999), pp. 252 - 62.

一些的百万富翁,但大多数人的财富很少或几乎没有财富。显然,这种偏态分布在许多系统中都存在。[①]

回到科学界,大多数人只与少数同伴有联系,通常他们在相同的机构工作或学习。但对少数明星研究人员而言,例如诺贝尔奖获得者或重要实验室的负责人,他们已经培养、指导了很多科学家,并与世界各地的数千名科学家开展合作。事实上,这种格局早在 1926 年就由阿尔弗雷德·洛特卡(Alfred Lotka)通过建立学术文献的引用分布得到体现。[②] 近四十年后,德里克·德索拉·普赖斯的研究表明,科学家发表的科学论文数量遵循洛特卡(Lotka)定律*(如本章开头的题记所述)。[③] 最近,马克·纽曼(Mark Newman)的研究进一步证明,在全球层面,共同发表科学论文形成的共同作者网络也具有无标度结构。[④]

[①] Herbert Simon, "On a Class of Skewed Distribution Functions," *Biometrika* 42 (1955):425-40.

[②] A. Lotka, "The Frequency Distribution of Scientific Productivity," *Journal of the Washington Academy of Sciences* 16(1926):317.

* 译者注:在研究了化学和物理两大领域内的科学家之后,洛特卡提出了揭示作者与文献数量关系,描述科学生产率问题的洛特卡定律。假设写了 x 篇论文的作者比例为 f(x),则洛特卡定律可用一般公式表达为:$f(x)=C/x^n$,其中,x 为论文量,f(x) 为写 x 篇论文的作者占作者总数的比例,C,n 为参数。根据洛特卡统计的数据,n 大约为 2。即 $f(x)=C/x^2$,因此该定律也称为平方反比律。

[③] 其他对幂律分布的早期研究包括:Simon, "On a Class of Skewed Distribution Functions," and by applying Zipf's law, presented in G. K. Zipf, *Human Behavior and the Principle of Least Effort*. (New York: Hafner, 1949).

[④] Mark Newman, "Who Is the Best Connected Scientist? A Study of Scientist Coauthorship Networks," *Physics Review E* 64 016132(2001):7 pages.

　　显然，这些发现是非常重要的，如果无形学院实际上是一个无标度网络，那么我们可以认为它的行为方式与其他无标度网络相似。例如，此类网络对偶然冲击具有相当的韧性，但很容易因移除几个主要枢纽而瘫痪。[1] 更重要的是，这些相同的机制似乎可以在广泛的意义上为无标度网络的发展提供指导。物理学家巴拉巴西（Barabási）和艾伯特（Albert）将这种现象称为"优先依附"。[2]

　　优先依附理论所关注的，是那些新进入者在加入网络时如何选择他们想要联系的网络成员。通常来讲，这些选择会受到链接的可用性和进入者在网络中的地位的限制。但总的来说，新的网络成员更倾向于和那些更知名、链接数量更高的人建立联系。显然，那些知名的、人脉广泛的个体之所以具有更大的吸引力，是因为他们更有能力为初出茅庐的成员（例如新获得博士学位的成员）提供帮助。因此，那些具有高链接的科学家实际上控制着数据、设备、资金等资源和发展机会。同时，与不太知名的研究人员相比，他们吸引、建立更高质量链接的速度也会快得多。最终，这个过程产生了一个无标度结

---

[1]　Barabási and Bonabeau, "Scale-Free Networks."

[2]　Barabási and Albert, "Emergence of Scaling in Random Networks." Derek de Solla Price called this process "cumulative advantage" in *Little Science, Big Science*, (Columbia University Press, 1963), p. 43. Sociologist Robert Merton used the term Matthew effect, recalling the biblical observation that the rich get richer, to refer to the related phenomenon in which well-known authors tend to get more credit than their coauthors for joint work. Merton, "The Matthew Effect in Science," *Science* 159, no. 3810(1968): pp. 56 - 63.

构,其中的一些明星成员具有的链接的数量比普通研究人员要多得多。[1] 我将在第三章更深入地探讨这个过程及其影响。

网络是如何运作的?

优先依附理论揭示了像无形学院这样的网络的结构是如何演变的。然而,为了解释这些网络如何运作,以及构成和支持它们的连接是如何形成的,我们也需要关注到其他现象。为此,我提出了核心的解释概念:"弱联系""小世界现象"和"冗余"。

所谓弱联系,是指那些我们不常利用的社会联系。[2] 具体而言,某一位科学家的强联系,可能包括他的家人、亲密朋友和他每天遇到的同事。相比之下,他的弱关系可能包括他不时在会议上看到的研究人员,以及他偶尔接触的大学熟人,又或者他偶尔在等火车时遇到的通勤伙伴。当我们将关系网络可视化时,弱联系可以被看作节点间连接相对较薄弱或未连接的空间。[3] 尽管如此,弱联系并非意味着没有价值。例如,

---

[1] 在不断发展的网络研究中,一些研究表明,高度连接的节点比连接较少的节点能更快地增加其连接性,见:Barabási and others, "Evolution of the Social Network of Scientific Collaborations," *Physica A: Statistical Mechanics and Its Applications* 311, nos. 3 and 4 (August 15, 2002):590 - 614.

[2] Mark Granovetter, "The Strength of Weak Ties," *American Journal of Sociology* 78, no. 6 (May 1973):1360 - 80, and "The Strength of Weak Ties: Network Theory Revisited," *Sociological Theory* 1(1983):201 - 33.

[3] Peter Csermely, *Weak Links: Stabilizers of Complex Systems from Proteins to Social Networks* (Berlin: Springer, 2006).

弱联系可以将我们与"朋友的朋友"联系起来，而"朋友的朋友"除了可以为我们提供信息、和我们一起娱乐，还可以帮助我们进一步建立与其他人的联系。仍然以前文提到的土壤科学家为例，她的研究项目可能会要求她带土壤样本离境（正如许多这类项目所做的那样），但她此前并不认识任何熟悉出口法规的人，于是她可能会向一位到她所在城镇参加研讨会的同事了解这一点，该同事可能知道她应该打电话给谁。

马克·格拉诺维特（Mark Granovetter）在关于弱联系的开创性研究工作中发现，弱联系在连接社交网络中的不同集群方面确实发挥着至关重要的作用。[①] 例如，在科学领域，研究人员倾向于和那些在同一个实验室、机构或领域工作的专业人员建立强联系，这些都是他每天与之互动或有着非常密切联系的人。如果他想走出自己的社区并与另一学科的科学家交流，那么弱联系（例如，具有相关兴趣但没有什么联系的访问演讲者）更有可能成为形成新思路的关键联系。

因此，弱联系不仅更有可能帮助我们接触到那些具有不同挑战性想法的人，也更有可能帮助我们建立日常交际圈之外的关系。总之，通过弱联系引入新的思想，可以对创新形成有效的刺激，帮助我们收获意外之喜。正是因为认识到了这种弱联系的价值，一些机构特别注意促进这种弱联系的建立。美国阿贡国家实验室（Argonne National Laboratory，ANL）

---

① Granovetter, "The Strength of Weak Ties."

的纳米材料中心（The Center for Nanoscale Materials, CNM）就是一个典型的例子。该中心采用了一种新的更加灵活的团队组织模式，充分依靠来自许多不同学科研究者的弱联系，为其蓬勃发展提供了重要保障。该中心的物理学家德里克·曼奇尼（Derrick Mancini）对此解释说：

> 由于纳米科学研究的跨学科属性，仅靠旧的学术模式是不够的。为此，我们试图建立一种有别于传统甚至有别于大学（这些大学希望成为获得资金的中心）的新模式，鼓励流动，提高团队组织的灵活性。我们必须认识到，人们来到 CNM 时对想要做什么已经有明确的想法，有些人可能会专注于仪器，有些人可能会专注于技术，而另一些人则可能会专注于科学问题。科研团队的最佳组织方式，是鼓励人们做他们最擅长的事情。也就是说，在一个高效的团队里，人们可以在需要时与其他人联系，之后再回到自己的位置上解决问题。[①]

当然，这并不是说强联系就不重要。强联系有助于创造社会资本，并在一定范围内建立和维护知识体系，或者换句话说，这是库恩式"常规科学（normal science）"（指既定科学学科的常规日常实践）稳定的基础。但我们要认识到，在一个主要由强联系组成的集群网络中，由于几乎没有弱联系，跨组织的交流和专业知识的交叉将会受到限制，无论是按地理还是按

---

① 来自作者于 2007 年 11 月 20 日进行的个人访谈。

领域来说，知识都会变得非常"狭隘"。相比之下，通过推动弱联系的扩展，可以为网络成员交流思想和扩展知识创造更良好的条件。例如，CNM 鼓励其成员根据需要，轻松自由地利用强、弱关系来促进交流。

　　在一定程度上，弱联系是通过加强"小世界现象"来发挥作用。[①]"小世界现象"的通俗表述是，每个人与地球上任何其他人的距离都在六度以内[②]（在好莱坞，每个人都在 Kevin Bacon 的六度范围以内[③]）。这个网络术语，意思是说仅通过少量的步骤，就可以连接大型社交网络中的任意两个节点。[④] 我们把这种从节点到节点的步骤序列或链接称为一条路径（path），把网络中任意两个节点之间的距离称为路径长度（path length）。

　　马克·纽曼对科学网络的研究发现，新型无形学院的主要特点是路径长度短：

---

① 斯坦利·米尔格拉姆（Stanley Milgram）通过一系列的实验来研究美国社会网络中的平均路径长度，使这个术语流行起来。他的开创性研究显示，人类社会是一个小世界类型的网络，其特点是路径长度短于预期。这些实验通常与"六度分隔"一词联系在一起，尽管米尔格拉姆本人并没有使用这个词。见：Milgram, "The Small World Problem," *Psychology Today* 1（May 1967）：60‒67.

② 这个词因约翰·瓜雷（John Guare）的戏剧《六度分隔》流行，后来被拍成了电影。

③ Craig Fass, Brian Turtle, and Mike Ginelli, *Six Degrees of Kevin Bacon*（New York: Plume, 1996）.

④ 小世界是整个网络中局部聚类程度高而整体路径长度小的子网络。邓肯·瓦茨（Duncan Watts）和史蒂文·斯特罗加茨（Steven Strogatz）发现，只要在一个有序的网络中增加几个额外的连接，就可以产生小世界。见：Watts and Strogatz, "Collectives Dynamics of 'Small-World' Networks," *Nature* 393（1998）：440‒42.

我们发现,科学网络形成了某种意义上米尔格拉姆
(Milgram)曾经讨论过的"小世界"。由于共同作者在网
络之间的典型距离很小,其与网络中作者总数取对数后
的关系,理所当然地符合随机图模型的预测。我们还认
为,对于大多数科学家而言,他们与网络中其他科学家
之间的大部分路径,只需要通过他们的一两个合作者就
能实现。[1]

最后一项发现进一步证明了中心在社交网络中的重要
性,米尔格拉姆在他的原创工作中也注意到了这一点。

短路径对许多缺乏直接联系,尤其是与中心缺乏联系的
低地位网络成员特别有价值。例如,如果一个普通的博士后
突然打电话给该领域的一位杰出学者,要求合作开展一个项
目,那他不太可能得到肯定的回应。但是,假如他的导师和该
杰出学者的学生一起上过学,则可能就会说服他做出关键
回应。

小世界现象显然是同时通过强联系和弱联系来运行的。
根据定义,网络中紧密关联的集群是小世界。然而,弱联系不
仅极大地扩展了小世界的范围,还为更广泛地建立个人或网
络元素之间的直接联系创造了可能。通过这种方式,弱联系
可以产生特别有创意和富有成果的合作与交流形式。

小世界现象与冗余(社交网络中节点之间存在多条路径)

---

① Newman, "Who Is the Best Connected Scientist?"

的概念密切相关。[①] 冗余会产生集群,也就是网络中那些具有丰富连接、平均路径长度较短的群体。同时,冗余还可以使网络具有更高的韧性或鲁棒性(robust)[*]。也就是说,网络作为一个整体,其连接性不会因为某些连接或节点的随机移除而被削弱。还是以交通网络为例,其中就有冗余的出行方式,如果你的车坏了,你也许可以坐公共汽车去上班。

科学研究人员几乎总是有许多共同的同事,或者具有多重的社会联系。他们的共同连接,由那些拥有相似教育背景和知识、讲共同技术语言、既相互合作又在社会认可和资源等方面存在竞争关系的人组成。冗余不仅促进了社会网络的稳定性,也促进了知识以隐性和显性的形式被保存下来。此外,它还通过建立不同形式的有价值合作来促进网络生产力的提高,并且,这些合作并不依赖于单个节点的可用性或单个链接的强度。

作为社交网络的皇家学会

通过考察第一所无形学院的历史,可以说明其中一些网

---

① 冗余度也与密度有关,密度是通过将网络内的连接总数除以潜在连接的数量来计算的一种网络衡量标准。密集的网络有许多交流的机会,从任何一个节点到网络中的任意其他节点有许多可能的路径。稀疏的或由若干紧密集群组成的网络中,信息在网络中的节点之间流动的机会较少。

* 译者注:鲁棒性是 robust 的音译,字面意思是健壮和强壮,表示一个系统面对异常情况时的稳定性和牢固性。

络功能是如何运作的。例如，考察一下科门斯基(Jan Amos Komensky)是如何被介绍给未来的皇家学会成员的。以拉丁名字夸美纽斯(Comenius)而闻名的科门斯基，经常被认为是欧洲现代科学教育的奠基者。[1] 1630 年代，在摩拉维亚(现为捷克共和国的一部分)担任部长和教育家时，夸美纽斯的著作引起了一个名叫塞缪尔·哈特利卜(Samuel Hartlib)的人的注意。哈特利卜之于 17 世纪，就像一个门户网站之于 21 世纪。他出生于西普鲁士的埃尔宾(现为波兰的一部分)，在德国接受教育，并于 17 世纪 30 年代逃离了历史上第一次全欧洲大战"三十年战争"(the Thirty Years' War)。他的语言天赋使他扮演了"知识情报员"的角色，成为负责在伦敦传播来自欧洲各地的新闻、书籍和手稿的代理人。在这期间，他遇到了知识阶层的许多成员。[2]

哈特利卜对夸美纽斯关于普及教育的著作印象深刻，以至于 1637 年他在牛津大学亲自安排出版了这本书。[3] 此外，他还说服夸美纽斯踏上了前往英格兰的艰苦旅程，夸美纽斯于 1641 年 9 月抵达伦敦并一直待到 1642 年 6 月。夸美纽斯

---

[1] Jean Piaget, "John Amos Comenius (1592 - 1670)," *Prospects* (UNESCO, International Bureau of Education) XXIII, no. 1/2(1993):173 - 96. 见 www. ibe. unesco. org/ publications/ThinkersPdf/comeniuse. PDF

[2] *The Hartlib Papers*, 2nd ed., held at Sheffield University Library, available at (www. shef. ac. uk/library/special/hartlib. html).

[3] 夸美纽斯的原始文件名为 *Pansophiae Prodromus*。当它由牛津大学出版时，它被重新命名为 *Conatum Comenianorum Praeludia*。

访问的目的,是让议会成员对他的教育理念产生兴趣。① 但不幸的是,由于国王和议会之间讨论中的冲突,几乎没有给那些政府工作者留下多少时间来与一名摩拉维亚牧师讨论教育政策。尽管如此,夸美纽斯还是在伦敦逗留期间写了一篇关于教育的重要论文,并会见了哈特利卜组织的一小群自然哲学家。在这次会见中,恰好西奥多·哈克(Theodore Haak)也在场。哈克是一名来自德国的侨民,他与夸美纽斯相熟,并且两人有共同的宗教信仰。因此,哈克很高兴地将夸美纽斯介绍给了罗伯特·波义耳等伦敦的著名学者。② 一些历史学家认为,正是在其中一次的聚会中,产生了由实验主义者来组织形成无形学院的想法,并且,是夸美纽斯本人向英国实验主义者提出了这个术语。③

　　这一历史的小片段展示了社交网络常见的一些功能。例

---

① 夸美纽斯认为去英国的邀请来自议会,但事实并非如此。根据:Dorothy Stimson, "Comenius and the Invisible College," *Isis* 23, no.2 (September 1935):373 - 88.

② D. Stimson, *Scientists and Amateurs, A History of the Royal Society*. (New York: Greenwood Press, second printing, 1968).

③ 这段历史——夸美纽斯在建议成立一个无形学院方面所起的作用,以及德国公民在组织皇家学会成员的第一次会议方面所起的作用——在皇家学会的官方历史中不常被引用,例如 E. N. da C. Andrade's *A Brief History of the Royal Society, 1660—1960* (London: The Royal Society, 1960)。在这些历史记录中,英国知识分子在奠定科学基础方面发挥了更突出的作用,有时甚至是唯一的作用。斯蒂姆森在 *Scientists and Amateurs* 和 Comenius and the Invisible College 中详细介绍了这些人相互认识的过程。关于谁提出了这种无形学院的想法,据推测是夸美纽斯于 1641 年至 1642 年期间在英国逗留期间的一次会议上提出的,但波义耳是在 1645 年给他的导师的一封信中第一个使用这一想法的人。

如,哈特利卜在故事中扮演了重要角色,其作为一个中心,不仅将受过教育的伦敦人彼此联系起来,而且还与大陆上的知识分子联系起来。其他大师可能会与夸美纽斯取得联系,但他们不一定能够说服夸美纽斯穿越半个欧洲以及英吉利海峡来分享他的想法。一旦夸美纽斯踏上这段危险的旅程,弱联系和小世界现象就能够帮助哈特利卜将夸美纽斯介绍给志同道合的自然哲学家。事实证明,哈克与夸美纽斯之间具有的弱联系,使他更容易接受举办聚会的想法。因此,那次聚会似乎比任何人预期的都要重要,它促成了聚会参与者构建无形学院的想法。尽管,如果夸美纽斯那天晚上没有提出这个想法,这个思想也仍有可能会诞生。因此,那些刚加入网络的大师,由于和网络其他成员的多重连接,为思想的流通创造了沃土。

新兴知识的迷宫

当前,知识系统是一个涌现性系统,这个涌现性系统仿佛是一座有许多可能路径的迷宫。[①] 知识网络之间的路径通过优先依附、小世界和弱联系建立起来。网络将人们相互连接起来,同时也把他们与创新所需的资源联系在一起。此外,网络的产生是源于个人利益,而不是像橡树一样从其组成部分生长出来。

---

① D. Harkness, "Entering the Labyrinth: Exploring Scientific Culture in Early Modern England," *Journal of British Studies* 37, no.4 (October 1998):446‐50.

同样,我们也无法预测科学发现的规模和范围,尤其是在涉及基本范式转变引发科学革命的特殊时期。科学和技术的大多数进步都是渐进式的,用库恩的话说,这构成了常规科学。[①] 换言之,常规科学是通过对现有知识的重组取得进步[②],因为这些进步是渐进的,相对容易预测。但是,那些能够改变科学进步道路的真正的新发现几乎是无法预测的。[③] 这种真正的新发现通常是来自关系较远领域的思想结合,美国能源部布鲁克海文国家实验室(Brovkhaven National Laboratory, BNL)功能纳米材料中心(Center for Functional Nanomatenals, CFN)负责人鲍勃·黄(Bob Hwang)解释说:

> 材料科学家、物理学家和其他人认识到,我们目前对纳米科学的定义来自这样一个事实,在纳米尺度上的材料会出现与你之前看到的完全不同的现象。所以从这个意义上说,诚然它是源于传统的科学工作,但从另一个意义上说,它是新的。正是由于这一特殊发现,大学一直在建立相关的新的院系。同时,纳米科学背后的概念是如此广泛,以至于它们涵盖了几乎现有的所有学科。因此,科学领域的真正成功源于多学科方法的综合运用,如果不这样做,就不会有这样的发现。[④]

---

① Kuhn, *The Structure of Scientific Revolutions*.

② 同上。

③ 同上。

④ 根据对布鲁克海文国家实验室的 Susan A. Mohrman 和 Bob Hwang 的电话采访,2005年 11 月 18 日。

科学知识源于人、思想和资源的结合。① 新兴思想，例如为纳米材料不同结构提供的理论，在研究人员社区内面临激烈的竞争，就像新生的橡树争夺森林地面上的资源。好的想法被讨论、编纂、同行评议，并刊登在期刊上或作为专利和标准发表。最好的或最广泛接受的想法最终固化为一个范式，并被反复使用，正如期刊文章引用、专利许可、产品销售所反复证明的那样。进一步讲，一些像重力这样的新思想被如此广泛地接受，以至于我们不再需要专门引用其创始人。

鉴于难以预测新发现和新发展的位置、规模和范围，我们不能提前对研究做出设计，而只能设置一些鼓励开展研究的条件和激励措施。这些条件和措施，是科学得以蓬勃发展的沃土。这种沃土，不仅包括大量的人员、基础设施和机构，还包括连接他们的网络。但不幸的是，这些网络很难被发现，而且对于那些不了解其结构、不会说他们的语言，或不了解他们是如何工作的决策者和科学家来说，利用这些网络需要付出艰巨的努力。因此为了帮助那些希望加入或支持科学网络的人更容易看到、进入这些网络，我将在接下来的章节中详细介绍理解和管理新兴知识迷宫的新方法。

---

① 新的想法不是随机出现的。以前的投资，实验室的位置和先进性，以及有才华的人的想法，都有助于形成网络理论家所说的"路径依赖"（path dependency）——过去的条件对未来可能性的影响。

第二部分

世界迷宫：
理解动态的知识网络

"但是你的向导在哪里呢？"他问我。

"我没有向导，我相信上帝和我的双眼不会将我引入歧途。"我答道。

"那么你将一事无成。"他说。

"你听说过克里特岛的迷宫吗？"他问我。

"略有耳闻。"我说。

"那可是世界奇观之一，"他继续说，"迷宫由许多宫室、墙垣和通道组成，人们如果在没有向导的情况下贸然入内，是注定要在迷宫内踟蹰不前、找不到出路的。然而，与当代的世界迷宫的复杂构造相比，克里特岛的迷宫相形见绌。所以，在你探索世界之前，一定要听从过来人的建议，不要盲目自信，独自进入世界的迷宫！"

——夸美纽斯，《世界迷宫和心的天堂》，1657 年

第三章
网络的结构性变革

"我们可能会惊讶地发现,当今的科学世界与17世纪以来一直存在的科学世界其实并没有什么不同。科学一直是现代的,其从业人口一直在激增,一直处于科学革命爆发的前夜。科学家们总觉得自己深陷科学文献的泥沼,每过十年,仅其增长数量就会超过过去所有时间的总和。"

——德里克·德·索拉·普莱斯,《小科学　大科学》[1]

我们脚下看似坚实的土地,其实始终处于不断运动的板块之上。从人类的角度来看,板块似乎运动得很慢。但历经数千年,正是板块的运动创造了我们今天所知的大陆和海洋。板块运动引发了地震,从而改变了地球的自然地貌。板块的

---

[1] Derek de Solla Price, *Little Science, Big Science* (Columbia University Press, 1963), p.1

运动，又是由来自地球深处的力量所驱动。根据 20 世纪 60 年代初哈里·赫斯（Harry Hess）和罗纳德·迪茨（Ronald Dietz）分别提出的板块构造理论（Theory of plate tectonics），大洋底部随着岩浆从地球内部涌出而扩张①。随着岩浆的喷涌，地球表面所在的板块被推离新形成的洋壳，而在板块边缘，较古老的部分则被推入其他板块的下方。

　　就像我们周围的自然景观一样，科学探究的社会景观也会随着其底层结构的变化而变化。在过去的 350 年里，科学的底层结构已经从个人本位系统转变为职业本位系统，再到国家本位的系统，最后到今天的网络本位的系统。今天，科学仍然在全球的实验室工作台和不同场所进行着，但有助于推动科学技术进步的交流结构已经不再主要依赖于国家机构。相反，科学网络在本地区、区域内和全球范围内运行，并且几乎不受国界限制地将科学从业者相互连接起来。

　　科学组织结构的这种转变，部分原因在于自 20 世纪 90 年代初以来，信息技术的进步促进了交流效率的提高。也就是说，万维网的发明和互联网的普及大大加快了科学组织结构转变的进程。同时，这些新技术也增强了科学家和非科学家

---

① H. H. Hess, "History of Ocean Basins," in *Petrologic Studies: A Volume in Honor of A. F. Buddington*, edited by A. E. J. Engel, H. L. James, and B. F. Leonard (New York: Geological Society of America, 1962), pp. 599 - 620, and R. S. Deitz, "Continent and Ocean Basin Evolution by Spreading of the Sea Floor," *Nature* 190 (1961):854 - 57. 在科学领域，由两个人独立提出突破性理论并不罕见，微积分、自然选择和双螺旋理论的提出即是如此。

获取、共享科学工具和知识的能力。通过降低交流成本，特别是加强了分布式协作，新技术促进了研究生产力和效能的极大提高。但是，这些新技术并没有改变科学的组织方式，就像圣安德烈亚斯断层（San Andreas Fault）并没有直接引起 1994 年洛杉矶北岭地震一样。虽然地震断层显示了构造板块的移动，但地震断层并不是造成板块移动的原因。

因此，就像地球的构造板块一样，科学的组织和实施也会受到自下而上的力量的影响。这些促进科学家相互交流的新技术，正在改变 21 世纪科学研究的整体状况以及资金和政策的格局。在本章中，我将重点介绍在全球范围内激发科学家之间协同合作的主要因素，并阐述这些因素如何影响新型无形学院的发展和演变。

洞见地球内部

地球物理学家迈克尔·费勒（Michael Fehler）和佐藤春夫（Haruo Sato）的故事，有助于说明在新型无形学院内究竟是什么力量促进了合作。他们一位来自美国，一位来自日本，起初并没有任何机构或组织介绍他们相互认识，也没有任何一个国家的科技部将他们组成一个团队，但他们在 1984 年成了朋友。当时，费勒正受雇于美国能源部新墨西哥州洛斯阿拉莫斯国家实验室（The U. S. Department of Energy's Los Alamos National Laboratory, LANL），在一次赴日本进行地热能研究的访问期间，其在麻省理工学院论文指导教师的引荐下结识了佐藤。佐藤不仅是一位亲切的东道主，也是一位鼓舞人心的同行。很快，两位科学家发现他们都对地震波的相关研究感兴趣，无论这些波是由地震产生的，还是由地下核爆炸产生的。

1988 年，佐藤获得了足以邀请费勒在日本进行长期研究的资金，他们的合作就更加紧密了。两人不仅共同撰写了多篇论文，还完成了一本关于地震波传播和散射的专著，并于 1997 年由美国物理研究所出版[①]。随着他们的研究成果被其他数十位学者引用，这对合作伙伴很快成为地震学研究的无形学院中具有吸引力的枢纽。

费勒和佐藤的合作之所以能够成功，不仅因为他们的能力互补，还因为他们对科研的创新创造有着相似的驱动力。他们不仅各自进行了高质量的创新研究，而且都为彼此共同的工作带来了新的想法，都获得了不同来源的资金。同样重要的是，这两位科学家发现他们的性格相合。正如费勒所说，"现在有很多人在做这项研究，但只有小部分人正在挑战可能的极限。我们对相同的科学问题感兴趣，我们也相处得很好，彼此尊重和信任。"[②]这些优势叠加在一起，极大地弥补了两位研究人员因合作而必须克服的时间、地点、语言和文化等方面

---

① H. Sato and M. Fehler, *Seismic Wave Propagation and Scattering in the Heterogeneous Earth* (Washington: American Institute of Physics Press, 1998).

② 根据作者于 2005 年 10 月 18 日进行的电话访谈。

差异的障碍。

2005 年,费勒和佐藤在智利圣地亚哥的一次会议上再次相遇,他们提出就地震学界最激动人心的前沿问题进行持续讨论。他们讨论的主题是噪声,当然这并不是指那些会议中常见的喋喋不休,而是使用噪声作为地震学的新测量工具。通常情况下,全球地震网络(GSN)负责对地震产生的波形数据的捕获,该网络由分布在各大洲 80 个国家的 128 个地震台站组成。科学家们通过对这些数据的分析,就可以更深入地了解地球的内部构造。在这些数据中,最重要的是波形从一个地震台站传播到另一个台站所花费的时间。按照费勒和佐藤的计划,是共同使用这些数据来进一步拓展对地震过程中造成破坏的波的理解。有了这些关于测量的新想法,他们就可以回到各自的岗位,使用各自的资源分头推进研究工作。

全球科学的发展

正如地震学家把噪声作为测量改变地球结构的板块运动的指标那样,分析师会把连接作为考察科学结构的指标。其中,科学出版物是最主要的观测点。科学家通过发表重要研究成果,一方面可以申明这些关键发现的归属,另一方面,也有利于其他人在他们工作的基础上再接再厉。这种传统,就如罗伯特·波义耳的无形学院一样古老。尽管作为共享知识重要组成的思想和灵感是无形的,但在早期学者互相交流的信件、专著和手册中会留下痕迹。这些交流工具是研究人员之间的实际社交活动和科学合作的重要证据,我们可以通过对这些交流工具的研究来加深对科学的理解,就像人物传记作家依靠往来信件来理解他们笔下人物的生活一样。[①]

我们可以想象有这么一张地图,其中一个点代表美国的费勒,另一个点代表日本的佐藤。每当费勒和佐藤合作发表一篇论文时,就在地图上的这两点之间画一条假想线来表示他们的合作关系。接下来,我们对所有地震学领域的研究人员都重复这个过程。最后,让我们拿走地图,只留下代表合作者及其合作关系的点和线,这些点和线就形成了网络。其中,点是网络节点,线代表合作关系。通过这种网络结构,我们既可以看到网络成员间建立联系的机会和可能性,也可以看到一些网络成员所面临的限制。

此外,这种网络还可以在多个层次上绘制。我们刚刚想象的图表,虽然显示了人与人之间的链接,但是一旦点的数量增长到数千个,网络图就会变得难以辨认。因此,为了简化,我们可以将同一领域、同一国家的所有研究人员聚合成一个

---

① C.S. Wagner and L. Leydesdorff, "Measuring the Globalization of Knowledge Networks," in *Blue Sky II Forum 2006, Organization for Economic Cooperation and Development (OECD) Conference Proceedings* (2006). 详情可见(www. oecd. org/document/24/0,3343,en_2649_201185_37075032_1_1_1_1,00.html).

节点,只关注那些在不同国家、从事同一学科工作的研究人员之间的联系。图3-1和图3-2就是根据1990年和2000年在地震学领域发表的文章,按照这种方法绘制的。与其他许多领域一样,在这十年中,地震学的国际合作大大增加。比较来看,2000年的网络图显然要比1990年稠密、复杂得多,具体表现为点和线的数量的增加以及线会变得更粗(其中线的粗细与每条线所代表的合著出版物数量成正比)。①

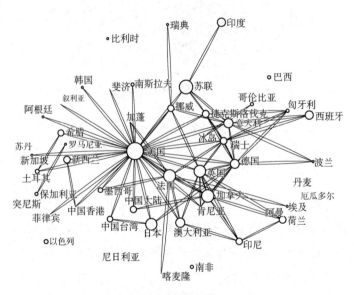

图3-1 地震学合作网络,1990年

资料来源:本书作者的计算。其中国名按1990年的原样显示。孤立节点代表该国(地区)有一个机构在1990年发表了一篇地震学领域的文章,并且是该文章的唯一作者。

---

① C.S. Wagner and L. Leydesdorff, "Seismology as a Case Study of Distributed Collaboration in Science," *Scientometrics* 58, no.1(2003):91-114.

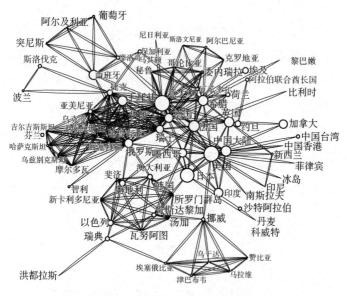

图 3 - 2 地震学合作网络,2000 年

资料来源:本书作者的计算。

　　为了获得宏观整体效果"鸟瞰"的效果,我们可以将一个国家的所有科学家进一步整合到一个节点中,然后再选择某一特定领域进行跨国合作模式的研究。本研究表明,从 1990年到 2000 年,国际合作作者所占的份额,即与来自不同国家的作者共同发表的论文占所有论文的比例,几乎翻了一番。1990 年,在可确认的国际期刊上发表的所有文章中,只有不到9% 的作者是通过国际合作撰写的。到 2000 年,国际合作文章

的比例上升到了近 16%。[1] 值得一提的是，在这十年里，全球合作论文数量的增长速度，超过了传统的国内合作论文数量的增长速度。从 1980 年到 1998 年更长的时间跨度来看，国内合作论文增加了 26%，而国际合作论文增加了 45%。[2]

同时，科学家引用国际合作论文的频率也相对更高，一定程度上表明其质量可能更高。[3] 同样，全球科学网络的密度在 20 世纪的最后十年也几乎增加了两倍。总之，由于国际合作的快速增长，网络中任意两位科学家之间的平均距离缩短了，即接触到网络中任意一个人所需的步骤减少了。平均而言，只需要 2~4 个人的引荐，就可以建立起网络内任意两个人之间的联系，充分体现了弱联系和小世界的价值。[4] 这些联系为彼此间能力的互补或资源整合创造了条件，无疑会极大促进新想法的产生。

---

[1] C. S. Wagner and L. Leydesdorff, "Mapping Global Science Using International Coauthorships: A Comparison of 1990 and 2000," *International Journal of Technology and Globalization* 3(2005):185 - 92.

[2] O. Persson and others, "Inflationary Bibliometric Values: The Role of Scientific Collaboration and the Need for Relative Indicators in Evaluative Studies," *Scientometrics* 60, no. 3 (August 2004):421 - 32.

[3] W. Glänzel and others, "A Bibliometric Analysis of International Scientific Cooperation of the European Union (1985 - 1995)," *Scientometrics* 45, no. 2, (1999), and F. Narin, "Globalisation of Research, Scholarly Information and Patents—Ten Year Trends," in *Proceedings of the North American Serials Interest Group (NASIF) 6th Annual Conference, The Serials Librarian* 21(1991):2 - 3.

[4] 值得注意的是，这些测量只反映了正式的交流。回顾一下，正式的交流是在大量的非正式互动的基础上进行的，这表明科学的网络甚至比基于出版物的图表所显示的更加密集。

新型无形学院的增长

为了探索科学组织转变的原因，我对四个不同学科的合作案例进行了十年的跟踪研究。之所以选择这些学科领域，是为了在第一章对组织因素（集中式或分布式的组织形态，以及自上而下或自下而上的组织模式）讨论的基础上，进一步检验什么样的组织更有可能对科学家在国际层面的合作产生决定性作用。[①] 以下是这四个学科领域的具体情况：

天体物理学（Astrophysics）领域的研究，通常需要依赖于集中配置的大型设备，这些大型设备是把研究人员凝聚到一起的催化剂。同时，只有依托这些大型设备，才有可能获得大型科学项目的立项。

数理逻辑（Mathematical Logic）领域的研究，不需要任何设备，合作完全是出于研究人员的兴趣。因此，该领域的合作方式通常是一种自下而上的自由协作。

土壤科学（Soil Science）领域的研究，在许多国家都有开展，但要想获得某些特定地点特殊类型的土壤，可能需要长途旅行和彼此合作。因此，该领域的合作，通常是那些不同地理位置研究人员之间的合作。

---

① 这些领域可以被认为是更大领域的子领域。数理逻辑是数学的一个子领域，类似生物学的病毒学、化学的聚合物、农学的土壤科学，等等。子领域层面的数据要具体得多，而且可以分析得更精确，比在领域层面处理的数据更精确。

病毒学（Virology）领域的研究，与土壤科学一样，是一个在全球广泛分布的学科领域，但不同的是，它往往与工业、临床试验和一些疾病事件有着密切的联系。因此，其合作方式同时呈现出内外部协同和多地点分布的特征，我把这个领域归入共享式项目的类型。

我对研究人员国际连接水平差异的研究始于 1990 年，研究工作主要聚焦天体物理学病毒学等四个学科，四个学科具体论文发表情况如表 3-1 所示。可以发现，这四个学科领域在国内和国际层次上表现出较大的合作水平差异。总体来看，天体物理学科不同国家研究人员合作发表论文的数量比较多，而数理逻辑学科领域的数量就要少得多。尽管如此，从 1990 年到 2000 年，所有学科领域国际合作发表的论文数量都至少增加了 20%。其中，由于数理逻辑论文发表的基数非常低，增幅达到了 136%。比较而言，病毒学在 1990 年就已经是一个国际联系广泛的科学领域，其增幅最低。①

根据各自的基数计算，每个领域的国际合作论文都高速增长，是令人惊讶的。这表明，无论采取什么样的科学组织架构，所有领域的科学家都对建立跨越国界的联系感兴趣。这四个领域的国际联系都在增加，有的可能是设备的驱动，有的可能是研究人员需要通过游历来获取资源，还有的可能只是为了寻找新的想法。换句话说，我们讨论的核心问题，在于物

① 洛特·莱德斯多夫（Loet Leydesdorff）和我发现，在 1990 年至 2000 年期间，全球科学领域的国际合作增长率为 15.6%，如 *Mapping Global Science* 所报道的那样。

表 3－1　来自案例研究的数据汇总

案例研究	集群中的期刊数量，2000 年（基准年）	在期刊/集群中发表的文章数量			期刊/集群中国际合著文章的数量			集群中国际合著的文章百分比	
		1990	2000	增长百分比	1990	2000	增长百分比	1990	2000
天体物理学	14	4472	6547	46.0	1301	3097	138.0	29.0	47.3
数理逻辑	6	131	309	136.0	27	117	333.3	21.0	37.9
土壤科学	10	968	1382	43.0	107	453	323.4	11.0	32.8
病毒学	9	2311	2878	25.0	327	676	106.7	14.0	23.5

资料来源：作者的计算。

质并不是推进科学全球化快速发展的决定性因素。

这些学科领域都有各自的特点,这些特点可能会影响科学家是否合作的决策。虽然设备共享、资源获取等因素在不同学科领域存在差异,但所有学科领域都显示出国际合作增长的类似特征。例如,沃尔夫冈·威尔克研究的是土壤,所以他需要长途跋涉才能找到支持他研究所需要的资源。佐藤春夫想要研究地震的结果,所以他需要在全球范围内分享数据,并到一些发生地震的地方访问。路易吉·皮罗对收集来自世界各地的恒星数据很感兴趣,尽管合作很重要,但这并不涉及游历。由此可见,每一种特定的情境,都会对特定领域个体对研究地点和方式的决策产生影响。但是,由于所有领域的合作都在增长,也就说明这些因素都不是全球合作的根本驱动力。总之,无论是什么因素推动了新型无形学院在全球范围内的崛起,它似乎都应该是贯穿全局的。

更值得关注的是,如果我们把每个领域内国际合作论文的分布绘制成图 3-3,纵轴为每位作者平均发表论文的数量,横轴为病毒学相关期刊发表论文的作者数量,结果呈现明显的幂律分布,表明合作的结构是一种无标度网络。[①] 也就是

---

① 该研究在几篇已发表的文章中可见:Wagner and Leydesdorff, "Network Structure, Self-Organisation and International Collaboration in Science," *Research Policy* 34, no. 10(2005):1608-18; Wagner, "Six Case Studies of International Collaboration in Science," *Scientometrics* 62, no. 1 (2005): 3-26; Wagner and Leydesdorff, "Mapping Global Science"; and Wagner and Leydesdorff, "Seismology as a Case Study."

说,少数研究人员在国际合作中非常活跃,但大多数人只是偶尔合作。那些最活跃的合作者构成了网络枢纽,根据"优先依附"理论,他们的重要性会随着时间的推移进一步增强。简而言之,所有这四个领域都具有复杂自适应系统的基本结构,在森林生态系统、市场经济系统、人类大脑系统和许多其他复杂系统中都可以找到相同的结构。

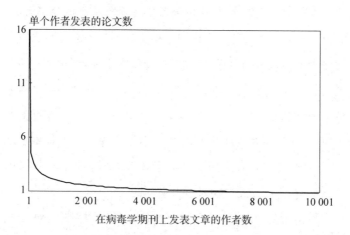

图 3-3　病毒学领域的发表频率,2000 年*

资料来源:科学信息研究所和作者的计算。

---

* 译者注:该处的文字表述和图不能完全对应,译者认为作者文字表述和图 3-3 的横纵轴刚好相反,文字表述中横轴为合著数量,纵轴为参与该级别合作的研究人员数量(例如有 1 篇国际合著文章的作者共有多少人,有 2 篇国际合著文章的作者共有几人,这样依次绘制点并连成线)。图 3-3 的横轴是发表特定数量合著文章的作者人数,纵轴是发表合著文章的数量。译者猜测作者这样布局图 3-3 是因为发表特定数量合著文章的作者人数在数量级上远大于每一位作者拥有的合著论文数,因此放在横轴上,更适合排版。

全球科学的自组织

如第三章所述,现代科学一直具有自组织的特点。例如,伦敦皇家学会是通过弱联系、小世界和不同人的共同兴趣组织起来的。在早期,皇家学会的成员就聚在一起交流思想、探究方法、挑战传统。在接下来的三个世纪里,交流与合作在科学领域变得越来越重要。[①] 但是到 20 世纪,政治、地理和文化等方面的障碍,限制了科学家自我组织成全球网络的能力,使得知识创新的效率低于本应该达到的水平。例如,在冷战期间,美国和苏联为了在科学技术上取得领先优势并更好地应用于实践,建立了几乎完全相同的科学和技术体系。

当然,在实践层面上,科学家们也认识到,获得国内声誉更有助于确保获得科学资金的资助。但是,国内声望并不是最能激励科学家在实验室和电脑前工作的因素。科学家在实验室中寻求解决问题的愿望,在社交网络中寻求大家对其工作和观点认可的期待,都是推动新型无形学院发展的力量。因此,为了深入了解 21 世纪科学的动态,必须研究科学家个人的动机。

罗伯特·默顿(Robert Merton)和理查德·怀特利

---

① M. Gibbons and others, T*he New Production of Knowledge: The Dynamics of Science and Research in Contemporary Societies* (London: Sage, 1994).

(Richard Whitey)等学者指出,从根本上说,科学家的动力来自对认可和奖励的渴望。[1] 科学家事业的发展,既体现在获得同行的尊重和关注、发表研究成果所获得的声誉,也体现在能够获得项目资助、指导学生,以及研究自主性的提高。归根结底,追求研究的独立性是科学的圣杯。

　　20 世纪末,随着冷战的结束和信息时代的到来,科学的繁荣为科学家提供了前所未有的相互联系的机会。为了提高自己的声誉并获得相应回报,科学家越来越倾向于推倒自己实验室的围墙,打破地理位置和学科领域的桎梏。特别是当苏联解体后,东欧的科学家大量涌入全球科学网络,通过世界各地的合作项目与同事建立了新的联系。随着政治限制的消失,科学家对声誉的追求超过了对国家归属的眷恋,全球科学网络以惊人的速度增长。如表 3 - 2 所示,从 1990 年到 2005 年,全球科学网络中国家 * 的数量从 172 个增加到 194 个,但链接的数量增加了四倍多。至此,我们已经排除了互联网、政治因素和组织结构对这种增长的驱动。接下来,我将从更广泛意义上的复杂自适应性系统的视角,来探寻驱动上述变化的力量——少数简单规则的运行逻辑。

---

[1]　R. K. Merton, *Social Theory and Social Structure* (Columbia University Press, 1957), and R. Whitley, *The Intellectual and Social Organisation of the Sciences* (Oxford University Press, 1984).

*　译者注:参与国际科学合作的国家数量。

表 3-2　1990—2005 年新无形学院的发展

网络度量	1990	2000	2005
节点数（国家）	172	192	194
链接的数量	1926	3537	9400
核心组成数量	37	54	66
网络密度[a]	0.131	0.1929	0.2511
平均链接度[b]	22.4	36.9	48.7
平均距离[c]	1.95	1.85	1.76
直径[d]	3	3	3
平均聚类系数[e]	0.78	0.79	0.79

资料来源：作者基于美国科学信息研究所的数据进行的计算。

a. "密度"（Density）的计算方法是将网络内的链接总数除以潜在链接的数量。

b. "连接度"（Degree）是指一个节点与其他节点的连接数量。

c. "距离"（Distance）是两个节点之间最短路径上的连接数。

d. "直径"（Diameter）是从一个节点连接到网络中任意一个节点所需的最大连接数。

e. 节点的"聚类系数"（Clustering coefficient）是指其邻域内节点之间的链接数量除以它们之间可能存在的链接数量。

复杂网络的一个简单规则

首先回顾一下第一章的讨论。简单规则是许多高度复杂系统的核心，根据复杂系统初始的条件和获得的资源，简单规则可以产生大量不同的结果。[1] 既然我们已经知道全球网络是自组织的，而且我们已经发现它是一个复杂的自适应系统，

---

[1] John Holland, *Hidden Order: How Adaptation Builds Complexity* (Reading, Mass.: Helix Books, 1995).

那么就可以转向如下新的问题:从促进科学交流的角度,我们能否在全球层面上找出生成复杂自适应系统的简单规则? 显然,这将非常有助于建立一个有效管理全球网络的治理体系。

寻找"如果……然后……"这个规则,是我们穿过迷宫的正确路径,因为正是这个规则决定了复杂自适应系统的组织形态。例如,"如果当前情况出现特征 X,那么就采取行动 Y",即一个环境中的主体要能够适应并有助于增强系统秩序。在这个结合了反馈和适应的简单公式中,存在着一些从混乱中创造秩序的基本元素。事实上,从混乱到有秩序这个过程,并不需要事先计划,它通常是自组织的。

约翰 · 霍兰德(John Holland)在《隐秩序》(*Hidden Order*)*中给出了一个简单规则的例子。他解释说:"我们一次又一次地看到树,但我们从来没有以完全相同的方式看到过同一棵树。例如,每次看到树的时候,不同的光线和角度都会给眼睛的视网膜带来新的印象。尽管如此,通过删除细节,我们无论在什么环境下、无论种类多么繁多,都能辨识出这是一棵树。"[1]换句话说,我们不需要试图识别一个陌生物种的每个细节,来确定它是不是一棵树。相反,我们会很自然地使用一些简单的办法,比如"如果物体有树干、树枝和树叶,那么它

---

* 译者注:这本书已翻译为中文,最新的版本为周晓牧、韩晖翻译,上海科技教育出版社出版的《隐秩序:适应性造就复杂性》。

[1] John Holland, *Emergence: From Chaos to Order* (New York: Addison-Wesley, 1998).

就是树"。

　　类似地，指导科学合作的基础规则也很简单。通常而言，那些人之所以寻求新的合作研究机会，是基于以下考虑："如果这种联系能让我获得数据、资金或想法，从而推动我的研究，那么我就应该寻求建立这种联系。"同样，对那些试图提供资源的人，也遵循类似的公式，即"如果这项合作能帮助我推进研究或传播，那么我就应该参与其中"。无论其组织或资源基础如何，这些规则适用于所有科学领域，并解释了构成新的无形学院的连接为什么可以建立。同时，这些规则也解释了优先依附现象，即随着一位科学家声誉的提高及其获得关键资源（如数据、设备和资金）的渠道快速增长，其他研究人员更有可能希望与其建立联系。当然，科学家的知名度越高，在选择合作者时就会越挑剔，作为合作者或研究的领导者也更会受到欢迎。因此，和那些水平不那么高的研究人员相比，顶尖科学家不仅有更多的研究伙伴，而且有更好的合作者。

　　无论是在领域内部还是跨领域的合作，优先依附现象都会出现。事实上，声誉似乎对跨学科联系的形成有更大的影响。这是因为，跨领域的信息流动相对比较有限，而声誉是研究者在识别值得信赖的伙伴时可以依赖的少数指标之一。

　　这种寻求获取资源和建立声誉的动态过程，也会导致人员的不断变动。随着时间的推移，联系会不断被建立和终止，很少能永久存在。考虑到群体中形成的社会义务，合作只有在研究人员并肩工作时才更有可能维系下去。毕竟，在存在社会义务的情况下，一项合作很难被终止。这就能够解释，为什么那些在国际层面上运行、相距遥远的合作关系越来越有吸引力，而且发展得如此迅速。也就是说，如果你与某人并肩工作，你就会了解他们所知道的，并与他持有一致的观点。但是如果你在寻找新的想法，你就需要走出你的日常圈子。因此，在国际层面上，如果一段被证明是不会带来帮助的关系，就相对容易被终止。换句话说，国际合作的增长可能恰恰是因为它更具挑战性，但涉及的社会义务更少。

进入无形学院的途径

新型无形学院的自组织是基于相对简单的规则，并在个人层面上遵循这些规则。但这并不意味着生成网络很简单，也并不是说会有一个公平竞争的环境。无论对科学家还是国家而言，优先依附决定了对那些处于系统顶层的群体更有利。同时，新型无形学院不仅几乎无法为新进入者提供资源或名声，反而会形成壁垒。因此，全球科学网络可能是开放的，但并非所有人都可以平等地运用。那些人脉较少或声誉较弱的人，可能难以完全参与到系统之中。无标度网络是遵循幂律分布的陡峭曲线，它隐喻了在网络中要获得那些最有价值人的注意极具难度。例如，为了运用该系统，发展中国家必须利用好驱动网络的力量，并学会如何获得世界各地科学家的帮助。

人才流失还是人才流入

1997 年 8 月 3 日凌晨,墨西哥城地球物理研究所的地震学家 S. K. 辛格(S. K. Singh)接到世界银行一位代表的电话。一个月前,印度的贾巴尔普尔地区发生了一场毁灭性的地震,这位代表问辛格是否愿意加入一个咨询委员会,帮助印度提高地震学研究的能力。辛格很快就同意了,他说:"我从 20 岁起就没有在印度生活过,我对这个地区不太了解"。但他又补充道:"不知道我是否比其他人更有资格,但这是一个做一些有趣科学研究的好机会。"[①]

在世界银行和印度政府的资助下,辛格访问了贾巴尔普尔,与当地的地震学家会面并进行了实地调查。此外,他还参与了一个合作研究项目,邀请他在贾巴尔普尔认识的两位科学家去墨西哥与他一起工作两个月。在这种情况下,他们之间的关系在很大程度上是单方面的。辛格解释说:"通常情况下,合作是每个人都带来一些东西。虽然这些人是训练有素的科学家,但他们并不真正了解这项技术。所以在我的实验室里,需要像训练学生一样教会他们使用最新的地震设备。"[②]

事实上,从许多与发展中国家同事一起工作的科学家那里,我曾经听到过类似辛格所说的故事。在许多情况下,对来

---

① 来自作者于 2003 年 3 月 18 日进行的电话访谈。
② 同上。

自科学发达国家的科学家而言,与来自发展中国家的同事合作,既有个人原因,也有专业原因。这些科学家是科学侨民(scientific diaspora,为科学目的而移民的散居者)的一部分,流动在新型无形学院中,扮演着越来越重要的角色。从历史上看,研究人员从发展中国家流向发达国家引发了对"人才流失"的担忧。人才流失这个术语描述了这样的情况:资源匮乏的国家失去了他们最有价值的人——有能力、有天赋的人——他们去了更发达的国家。还有另外一种情况,来自发展中国家的科学家和工程师在更发达的国家接受教育,并对工作所在国的科学发展和经济增长作出了贡献,而不是对他们出生的国家作出了贡献。许多分析家指出,一些国家用于解决当地问题的科技能力匮乏,主要原因就在于人才流失。①

客观来讲,对人才流失的担心可能是有道理的,因为所有国家的政府都期望通过本国的科学能力建设获取收益。但对新型无形学院的分析表明,我们应该以新的眼光重新评估科学家在全球流动的成本和收益。任何寻求从现代科学中获益的国家,显然都需要熟练的科学家、工程师和技术人员的帮助。这些人需要讲科学的语言,理解科学的规范,还要拥有与具体学科相关的技能和知识。但是,在一个网络化的世界里,我们并不清楚这些人在什么地方才能更好地使一个特定的国家或地区受益。总之,我们需要明确下述问题:一个国家是否

---

① F. Sagasti, *The Sisyphus Challenge: Knowledge, Innovation and the Human Condition in the 21st Century* (Lima, Peru: FORO Nacional, 2003).

需要自己的科学家加入新型的无形学院？这些科学家是否必须在其境内的实验室工作？他们是否需要在同一个地方工作？人们如何加入一个分布式网络或团队？国家如何挖掘、吸收和应用科学家生产的知识？

科学界的自由人

任何关于个人在新型无形学院中作用的讨论，首先都必须认识到，每个科学家或工程师、每个学生或博士后都是科学界的自由主体，这就类似于体育中的"自由球员"（free agent）一样。科学家和工程师可以自由地追随自己的兴趣和事业，无论这些兴趣和事业将把他们带向何方。同时，不能指望他们把国家的归属看得比科学和自己的事业更重要，尽管有些人确实会这样做，他们会不顾一切地帮助自己的祖国，但政策制定者不能假定这种情况总是出现。当然，也有相当一部分科学家会不顾原籍国的利益，甚至可能以原籍国为代价，寻求提高自己的声誉或获得资源。总之，一个国家可以培养自己的科学家或工程师，但要强迫他们留下来非常困难。如果他们很优秀，迟早会有更好的机会将他们吸引走。

例如，埃琳娜·罗兹科娃（Elena Rohzkova）成长于 20 世纪 80 年代的俄罗斯，和许多其他年轻女性有着同样的梦想，首要目标是找个丈夫，组建一个家庭。但不同的是，随着年轻的罗兹科娃继续接受教育，她成了她那一代最杰出的年轻科学家之一。她在生物有机化学方面的高质量博士研究成果，使她获得了日本东北大学的博士后奖学金,该大学是世界上顶尖的纳米科学研究中心之一。她在日本的工作获得了国际上的认可,并得到了普林斯顿大学化学系的关注,为她提供了一个在那里担任特别研究员的机会。也正是在那里,芝加哥大学通过提供最先进的设备以及与医学院合作的机会,又吸引她来到芝加哥大学的一个研究中心——这是一个不容错过的好机会。在芝加哥大学,她遇到了一位美国科学家,这位科学家后来成了她的丈夫。他们一起实现了她十几岁时拥有一个家庭的梦想,只是这个家庭是在美国。直到今天,她仍然在美国,仍然是一位优秀的科学家,也仍然是新型无形学院里的自由主体。①

另外的例子是,在英国接受培养的数学家阿南德·皮莱(Anand Pillay)简洁地捕捉到了这一流动背后的逻辑:"在数学世界中,是人和思想在流动,而不是金钱!所以我走了!"获得博士学位后,皮莱在英国找不到理想的工作。为寻找合适的职位,他来到了加拿大的麦吉尔大学。他解释说,"如果我最初决定留在英格兰,那就意味着只能做其他事情,不同于我接受培养时做的事情。到1986年,当返回英格兰的机会出现时,我已经没有太多理由再回到那里。"②最终,皮莱定居在美国的一所大学。此外,他还有许多出国访学和工作的机会,包括在日本、俄罗斯、波兰和法国担任客座教授。

---

① 来自作者于2007年12月9日进行的个人访谈。
② 来自作者于2002年11月21日进行的电话访谈。

皮莱的合著者之一是同样四处奔波的撒哈伦·谢拉（Saharon Shelah）。他是以色列数学家，在耶路撒冷希伯来大学和美国罗格斯大学工作。作为该领域最活跃的研究人员之一，谢拉与约 200 位合著者发表了近 900 篇文章。谢拉的显著特点是其埃尔德什数*为 1（即他与数学家埃尔德什存在直接合作），他与保罗·埃尔德什（Paul Erdös，有史以来最多产的数学家之一）合著了三篇论文。[①] 出生于匈牙利的埃尔德什职业生涯的大部分时间都在从一个研究机构到另一个研究机构访学，先后与 511 名合作者撰写了大约 1500 篇文章。[②]

埃尔德什和谢拉可能都会被认为是人才流失的例子，他们职业生涯的大部分时间都在其祖国之外。但是，他们的故事也说明了人才流动的好处。一方面，通过认识其他研究人员并激发其兴趣，人们加入全球科学网络并提高了他们在网

---

* 译者注：埃尔德什数（Erdös number），根据现代匈牙利数学家保罗·埃尔德什这个最多产的数学家命名，是描述数学论文中一个作者与埃尔德什的"合作距离"的一种方式。保罗·埃尔德什的埃数是 0，与其合写论文的埃数是 1，一个人至少要 k 个中间人（合写论文的关系）才能与保罗·埃尔德什有关联，则他的埃尔德什数是 k+1。

① P. Hoffman, *The Man Who Loved Only Numbers: The Story of Paul Erdos and the Search for Mathematical Truth* (New York: Hyperion, 1998).

② 埃尔德什的生产力激发了他的一些同事，试图根据他们与埃尔德什的接近程度对所有数学家进行分类。与埃尔德什合著一篇文章的人被认为是有一埃尔德什数字的。与埃尔德什合著者合著一篇文章的人，埃尔德什数为 2，以此类推。到目前为止，埃尔德什数字项目已经确定了 268 000 人拥有有限的埃尔德什数字。（个人不能与埃尔德什联系起来的人被认为有一个无限的埃尔德什数字）。确定的最大埃尔德什数字是 13，平均数是 4.65，表明这个网络中的人平均离埃尔德什不到五步之遥——这是小世界现象的另一个说明。这些数据是由埃尔得什数字项目提供的，网址是 www.oakland.edu/enp/trivia.html。

络中的地位。另一方面,如果留在国内可能意味着与新的想法隔绝,并错过合作的机会。事实上,即使在今天,大多数合作也都是从面对面的会议开始的。[1] 联系可以通过互联网开始或继续,但仅靠这种形式的交流很少能产生重要的合作。因此,团体参与的不成文规定,是要求人们至少在一段时间内实际在一起工作。一旦有了这种联系,人们就可以使用虚拟连接来继续合作研究。

在这种合作关系中,团队的每个成员通常都需要自筹资金。换句话说,得到资助的是研究人员,而不是项目。正如阿南德·皮莱(Anand Pillay)所指出的,人和思想比金钱更容易流动。由于政府是科学资金的提供者,从 A 国向 B 国的科学家转移资金在实践上是困难的。但是,由于航空旅行的便利,以及可以通过互联网更方便地交流,人和思想很容易在全球范围内传播。

这种流动和互动不仅推动了网络的发展,而且也促进了个人职业的发展。这对研究生来说尤其如此,一位科学家指出,流动者的功能相当于"信使 RNA* "。[2] 我采访过的许多研究人员也认为,他们保持研究领先的一个方法,就是把他们的研究生送到世界各地,学生们不仅收集数据,也会和他们新的

---

[1] G. Laudel, "Collaboration, Creativity and Rewards: Why and How Scientists Collaborate," *International Journal of Technology Management* 22(2001):762 - 81.

* 译者注:在基因表达中,信使 RNA 承担着遗传信息的传递作用。

[2] A. Saxenian, *Regional Advantage: Culture and Competition in Silicon Valley and Route 128* (Harvard University Press, 1996).

同事一起通宵达旦地实验。同时,他们彼此之间建立了宝贵的联系,并把重要信息从一个机构带到另一个机构。一旦这些研究生在职业生涯中站稳脚跟,就可以帮助他们的祖国提高科学水平。

学成归国

越来越多发展中国家的留学生,在完成学业后选择回国就业。根据美国国家科学基金会的数据,1980 年在美国获得博士学位的中国学生中,有 47%表示他们有坚定的计划留在美国。到 1993 年,在美国的中国博士生总数增加了,但是计划留在美国的比例却降到了 45%。[①] 同样,来自印度的学生中计划留在美国的比例也从 1980 年的 59%降到了 1993 年的50%。韩国的数字甚至更具震撼性,1993 年在美国学习的学生中只有 18%计划在获得学位后留在美国,而 1980 年时有41%的学生计划留在那里。在所有这些案例中,本国经济的快速发展为那些到国外学习的优秀研究人员回国就业创造了新的机会。

此外,正如辛格的例子所示,许多外籍科学家找到了为自己祖国的科学发展作出贡献的新方法。兰德(RAND)公司曾对 100 名美国科学家进行了一项调查,发现在进行国际合作的科学家中,有多达三分之一的科学家会与自己祖国的人进

[①] National Science Board, *Science and Engineering Indicators 2000*(Arlington, Va.: NSF, 2001).

行合作。[①] 这些在国外出生的科学家和工程师,也更有可能接受和培养来自他们祖国的人才,从而促进知识创造和能力建设在不同国家间的循环流动。虽然这种循环需要多年才能见到成效,但显然正在使许多国家受益,如越南、中国、墨西哥和韩国,这些国家已经在基础能力方面进行了投资。

由此可见,那些在外国出生的研究人员,是发达国家和发展中国家加强人际联系的重要桥梁和催化剂,也是促进金融互通的重要纽带。这些外国出生的科学家,通常会利用在科学发达国家获得的资金支持,通过与本国同行进行合作研究,以及为私人或公共组织担任科学顾问,帮助发展中国家提高科学能力,这也是一种"人才流入"现象。

安娜莉·萨克森尼安(AnnaLee Saxenian)在硅谷工作的时候,也曾提出类似的观点,认为人才流失并不是一件需要担心的事情。她发现,硅谷许多外国出生的研究人员最终会返回他们的祖国,或者与其祖国的企业等组织机构建立了合作伙伴关系,将宝贵的专业知识、经验和人脉带回到他们出生的发展中国家。[②] 在此过程中,他们不仅推动了跨国技术社区的建立,也促进了知识在全球的传播。

因此,在科学和技术领域,像越南、印度这样的发展中国

---

① C.S. Wagner and others, *Science & Technology Cooperation: Building Capacity in Developing Countries*, Monograph－1357－WB(Santa Monica, Calif.: RAND Corporation,2001).

② Saxenian, *Regional Advantage*.

家面临的挑战,不是想方设法把有能力的人留在国内,也不是想方设法让出去的人回到国内。真正的挑战,是如何让一个国家的研究人员进入新型无形学院,并吸引其他研究人员一起解决本国发展中的问题。事实上,许多政府已经开始通过派遣学生到国外接受高级培训来应对这一挑战。根据美国国家科学基金会的统计,从 1985 年到 2001 年,美国授予非美国公民的科学与工程博士学位的数量从 5 100 个增长到 9 600 个。[1] 在这段时期,在美国获得科学领域博士学位的外国学生有近 148 000 人,所占比例从 1985 年的 26% 上升到 2001 年的 35%。

　　更广泛地说,联合国教科文组织(UNESCO)估计,美国在 2001 年和 2002 年接纳了约 583 000 名留学生,是接收其他国家学生的主要国家。[2] 换言之,在所有留学生中,大约有 30% 在美国学习,大约一半在欧洲学习。其中,仅美国、英国和德国三个国家就接纳了全世界一半的留学生,如果再加上紧随其后的法国、澳大利亚,这五个国家为世界上三分之二的留学生提供了服务。相比之下,很少有学生到欠发达地区学习,其中南美洲是外国学生最不常见的目的地(仅接待全球外国学生的 0.4%),其次是非洲(1.2%)。

---

[1] National Science Board, *Science and Engineering Indicators 2002* (Arlington, Va.: NSF, 2003).

[2] UNESCO, *Global Education Digest, 2006: Comparing Education Statistics across the World* (Quebec: UNESCO Institute for Statistics, 2006).

从留学生的生源地来看,特别是在高层次教育上,亚洲人占了很大比例。在美国,超过 60% 的外国学生来自亚洲,具体到高等教育,每 10 个留学生中就有 4 个来自亚洲。此外,每 10 个留学生中有 3 个是欧洲人,每 10 个中有 1 个是非洲人。而发达国家的学生更有可能留在家乡附近学习,来自北美洲的留学生仅占外国学生总数的不到 2%,每 10 个欧洲学生中就有 8 个留在欧洲的另一个国家学习。

加入网络

根据国际教育协会(Institute of International Education, IIE)的数据,大约 45% 的外国学生从事技术领域的工作,这表明从长远来看,许多人将能够为当地科学能力的发展作出贡献。[①] 因此,发展中国家和非政府组织应鼓励、资助有能力的年轻学生到国外学习。除此之外,在理想情况下,科学组织还应该追踪人们的去向和停留地点,尽管这项任务会因个人隐私问题而变得非常复杂。同时,为了确保人才流入而不是人才流失,政府还需要提高自主出国留学人员乃至整个新型无形学院与国内研究人员合作的吸引力。当然,这可能会面临如何激发国外研究人员兴趣的挑战,提供独特的数据或资源,

---

① R. Bhandari, "Institute for International Education Project Atlas," presented to the Sigma Xi Conference on Science, Technology and the Future of the Workforce, Washington, D.C., September 20, 2006.

为特定项目提供资金支持，以及主办会议，都是引导优秀科学家关注当地的发展机遇和需要解决的问题的重要途径。

所有这些政策，都是为了实现加入网络这个共同的目标。网络是能够起到关键性作用的资源。把知识带给那些有需要的人的最好方法，是扩大新型无形学院的范围和覆盖面。与其试图控制研究人员和思想的流动，政策制定者不如专注于营造一种环境，鼓励研究人员通过自我组织来解决那些重要问题，而不是试图控制研究人员和思想的流动。要提高整个知识系统的效率，就要允许研究人员找到最有利于开展工作的地方，并鼓励他们选择合适的合作机会。即便做到这些，要顺利地将知识转移到最需要的地方可能仍面临问题，这就需要对知识的地理分布有更深入的理解，下一章将聚焦这个主题进行讨论。

第四章
知识的超空间分布

　　"我们正在进入一个新的领地。如果当我们初次登临距离新大陆最近的海岸时,就宣称我们对这片新大陆有了全面的了解,这显然是一种傲慢的态度。客观来讲,我们正在寻找一个尚不存在的新概念框架。一方面,我们还没有一种完整的方法,来揭示科学的自组织、选择、机遇和设计之间的交织关系。另一方面,我们也没有一个适当的框架,来解释科学历史性发展的规律和规律性科学的发展历史。"

　　　　　　　——斯图尔特·考夫曼(Stuart A·Kauffman),《宇宙为家》[1]

　　上一章强调了在无形学院中自主个体的作用(即能够在全球网络中自由流动的个体研究者)。研究者在全球范围内

---

[1] Stuart Kauffman, *At Home in the Universe: The Search for the Laws of Self-Organization and Complexity* (Oxford University Press, 1995), p.185.

基于兴趣和机会的自由流动,从根本上打破了 20 世纪大部分时间内国家在科学中的焦点地位。然而,人们工作的地点及其地点的变化仍然扮演着重要的角色。无形学院并不是仅存于任何一个特定的地方,而是覆盖全球。但不可否认,科学活动在某些地方更加密集,而在另外一些地方则相对稀少。

有的项目最好在某些特定的地点进行,而其他项目则可以在任何地方进行。但是,至少是出于提高研究效率的目的,可能也需要将大批研究人员和科学活动聚集在一起。并且,即使分布式合作是一种可行的选择,但是,面对面的会议仍然是许多项目的关键起点或重要组成部分。换言之,尽管远程通信技术的水平越来越高,但它仍无法替代现场一起工作的全部意义。对个体研究人员而言,他们通过在同一个实验室工作,吸收了有价值(尽管无法衡量)的隐性知识(默会知识,tacit knowledge)。从经济层面来看也是如此,地域性研究集群产生的外部溢出效应,为经济发展作出了重要贡献。①

因此,这一章的研究重点将从人转向地理位置。本章回

---

① 关于区域经济发展及其与科技的关系有大量的文献。两者之间的关系问题仍然是科学学研究中不断争论的焦点。其中最有趣的是 M. Zitt 等人的文章[Potential Science-Technology Spillovers in Regions: An Insight on Geographic Co-Location of Knowledge Activities in the EU, *Scientometrics* 57(2003):295 - 320.]。这篇文章显示了地区的科技密集度和经济增长之间存在不平衡的关系。内森·罗森伯格(Nathan Rosenberg)在 *Inside the Black Box: Technology and Economics* (Cambridge University Press, 1982)中讨论科学的外生性时也涉及了这个主题。另见 AnnaLee Saxenian, *Regional Advantage: Culture and Competition in Silicon Valley and Route 128* (Harvard University Press, 1994).

顾了当前科学的地域分布以及这种分布背后的驱动因素,并探讨了这种分布为什么很重要。此外,本章还讨论了如何使科学的地域分布更加公平,惠及更多的人。我们先来分析地理位置如何影响个体层面上的合作。

从巴西到中国再到美国

20 世纪 90 年代,弗兰克·E. 卡拉兹(Frank E. Karasz)在马萨诸塞大学阿默斯特分校担任 Silvio O. Conte 杰出教授,研发出一种他称之为"共轭聚合物"(Conjugated Polymers)的材料,这是一项在聚合物科学领域极其令人兴奋的研究成果。在这种新型聚合物中如果有电流通过就会发光,就像用电池和导线点亮一个不导电的餐盘一样。卡拉兹的发现彻底改变了聚合物和光学领域的传统认知,并提供了开发新型照明和轻量化显示器的可能性。他因此获得了众多奖项和荣誉,成为该领域的顶尖人物。因此,他作为合作伙伴的吸引力也得到大幅提升。

在 2000 年,卡拉兹与来自多个国家的研究人员共同发表了一篇关于发光共轭聚合物特性的论文,这篇论文在一些国家得到高度赞扬且在业界经常被引用。[1] 在共同作者中,阿克塞尔鲁德(D. E. Akcelrud)是一位巴西科学家,曾在马萨诸塞

---

[1] M. R. Pinto and others, "Light-Emitting Copolymers of Cyano-Containing PPVBased Chromophores and a Flexible Spacer," *Polymer* 41, no. 7 (March 2000):2603 - 11.

州度过了一年的学术时光,她在卡拉兹博士访问巴西进行科学交流时与卡拉兹相识。阿克塞尔鲁德还带来了里约热内卢大学的博士后研究员品托(M. R. Pinto),他在 2000 年的这篇论文中负责合成实验所需的聚合物。此外,中国的一位博士后胡斌(音,Bin Hu)的分析结果也对该项目作出了贡献。

　　阿克塞尔鲁德离开马萨诸塞州回到巴西后,继续她在卡拉兹实验室开始的研究,她把合成的聚合物样品邮寄到马萨诸塞州的实验室进行测量,并通过互联网反馈结果。此外,她还和已经回到中国进行材料研究的胡斌保持联系,一起在新型无形学院内创建了一个聚合物研究集群。

　　卡拉兹是全球科学网络中高吸引力节点的典型案例。阿克塞尔鲁德与卡拉兹建立联系,是为了提高自己研究的质量,即使他们后来不在同一实验室工作,也仍然继续合作。此外,阿克塞尔鲁德还成为年轻的品托与卡拉兹之间联系的纽带。显然,单靠品托自己可能是无法与卡拉兹建立联系的,但由于"小世界现象"的存在,他获得了与自己领域中顶尖科学家接触和合作的机会。

　　这个研究团队的经历在成千上万的科学家中反复出现,他们都在寻求互补的能力、声誉和资源。研究人员通过强联系、弱联系进入这个系统,获得知识和能力。他们的研究成果通过出版体系很容易得到分享,至少在理论上,科学家可以在任何时间、任何地方获得这些成果。但是,这个理论还有些不完善之处,因为许多期刊仅能通过订阅的方式提供阅览服务,这可能使那些没有足够预算的大学研究人员无法接触到科学文献的全文内容。

为了加强彼此之间的联系，这个团队的成员必须聚集在马萨诸塞州西部的一个小的大学城。斯洛伐克出生的卡拉兹是该团队的奠基者，已经在那里建立了他的实验室。他不仅拥有吸引其他人前来的专业知识，而且还拥有专业的设备。他自豪地说道："马萨诸塞大学拥有全国最好的聚合物研究中心，我们的实验室拥有最先进的聚合物研究设备。"[①]在许多领域，此类设备的可用性，以及是否邻近顶尖研究人员，对于合作地点的选择有着重要影响。

科学在全球的分布

以上这些必然因素与历史偶然性的作用相结合，使得像卡拉兹这样的学者选择在美国生活。同时，由于全球权力和财富分布的极度不均衡，导致科学活动集中在相对较少的几个国家在地图中，我们可以用每条线的高度代表当地机构研究人员发表的论文数量。好消息是，科学人才分布在世界的许多地方。潜在的坏消息是，他们高度集中在发达国家。从这方面看，世界远未扁平化。地图上的波峰，如波士顿、伦敦和东京等城市周围，说明了该国长期对科学大量投资的结果。

———————————

① 作者的电话访谈，2003 年 7 月 10 日。

长期以来,这样的投入规模只有在发达富裕的国家才能实现。2004 年,仅仅 15 个国家就完成了全球 90% 的研发资金投入。① 在 1960 年之前,仅仅 6 个国家就占据了全球同样比例的研发资金。

同时,即使在这些国家内部,科学投入的水平和能力在区域分布上也是不平衡、高度集中的。例如,2003 年,美国近三分之二的研发支出集中在十个州,仅加利福尼亚州就占了该年度全国 2 780 亿美元研发总支出的五分之一以上。同样在 2003 年,由计算机和电子产品制造商私人资助的研发工作,有一半以上集中于加利福尼亚州、马萨诸塞州和得克萨斯州三个州。②

正如这些例子所表明的那样,科学的每个领域都有不同的区域分布,而且每项学科活动在特定地点的集中程度也不同。例如,在那些需要复杂昂贵设备的领域,会形成很强"引力"(gravitation),将科研活动聚集到几个主要的研究中心附近。当然这是特例,对大多数领域而言,研究活动通常会聚集在富裕国家的大城市,或靠近这些大城市的地方。这同样适用于培养学生和进行世界一流研究的高等教育机构,在科学发达的国家,这些学术机构高度集中在某几个地区。简言之,

① National Science Board, *Science and Engineering Indicators 2008*(Arlington, Va.: National Science Foundation, 2008).

② National Science Board, *Science and Engineering Indicators 2008*(Arlington, Va.: National Science Foundation, 2008).

生产知识的资源并没有得到均等分布。

此外,这些集群创造的大部分知识,并不容易被其他人所获取。例如,文章通常发表在付费期刊上,这对于较贫穷的国家机构来说是无法承受的。此外,知识产权法也在屏蔽一些信息。因此,正如前面所提到的,政府也在限制科学知识的自由获取,因为他们认为知识是一项应该被控制的国家资产。

影响科学空间分布的因素

许多因素导致了科学活动的不均匀分布,其中就包括较富裕国家政府的投资历史。显然,较富裕的政府能够为科学提供更大的支持,理所当然地,他们更愿意把研究经费花在本国境内。此外,政策制定者在选择研究设施的具体配置位置时,也经常会考虑政治目标。然而,在确定科学活动的地点时,非政治因素也在起作用。这些非政治因素不仅包括特定研究项目的资本要求、对独特资源的依赖程度、意外发生的历史事件,还包括偏好吸引、规模经济和范围经济等现象,以及范式固化(称为"锁定",lock-in)。

有些研究领域需要昂贵的设备,或必须在特定地点进行研究。在这种情况下,围绕少数卓越中心组织科研是自然而有效的。例如,知识系统不需要也无法负担在每个国家都建设同步加速器,在全球随机或均匀分布海洋学研究中心也没有道理。

在某些情况下，如海洋学，集中投入的地点在很大程度上是由地理条件所决定的。但在其他情况下，某个城市或地区成为追加投入的主要候选地，可能是由于历史的意外或投入积累效应。例如，德国的汉诺威作为化学研究中心享有数个世纪的声誉。瑞士的日内瓦长期以来一直是物理研究的中心，鉴于其历史地位，欧洲核子研究组织（CERN）在此设立全球最大的粒子物理实验室就是自然而然的选择。在 20 世纪天体物理学发展的早期阶段，智利的圣地亚哥成为了观测南半球天空的主要望远镜站点，当地的研究中心利用这些设备成为了天文学领域的领军者。由于地震研究的长期历史，日本神户投资的振动台和其他的地震学研究设施，吸引了来自世界各地的科学家。

正如这些例子所显示的那样，一旦大量资金被注入特定区域，累积优势就会不断增加其最初投入的价值，该地区在网络中便开始具有一定的引力。因此，科学活动的最终分布是"路径依赖"（path dependence）的。[1] 为了解释这种效应，在此对几个相关的驱动力进行描述。由于规模经济和范围经济效应，不同的研究项目通常在同一地点进行研究更有效率。反过来，这些规模经济和范围经济效应的形成，可以追溯到诸如昂贵的设备、社会资本积累以及隐性知识等有形和无形的因素。因此，预先存在的社会资本存量使得研究人员更容易建

---

[1] W. Brian Arthur, *Increasing Returns and Path Dependence in the Economy* (University of Michigan Press, 1994).

立研究伙伴关系，而隐性或内嵌的知识使这些伙伴关系更具生产力。在机构或研究群集的层面上，它们还有助于锁定早期的领先优势。

此外，个人层面上的"优先依附"，也加强了研究领域上的累积优势。例如，像阿克塞尔鲁德这样的研究人员，自然更喜欢与弗兰克·卡拉兹这样领域内顶尖的人一起工作。因此，那些高产且资金充足的科学家不断涌入卓越的研究中心。通过这种方式，就实现了任何成功机构必须具备的两种力量的有效平衡：一种是稳定的力量，通过知识的聚集实现；另一种是变化的力量，通过新参与者和新想法实现。

科学的本地化为何重要？

长期以来，世界一流的科学设施为支持它们的国家带来了威望或炫耀的资本。如果这是它们能够提供的唯一好处，科学活动的区域分布可能并不是一个值得关心的事情。关键在于，集中的科学投入也产生了更显著的回报。在国家层面上，正如许多关于科学和经济增长的研究指出的那样，对科学的投资显然与经济繁荣密切相关。① 然而，科学

---

① 有一项研究对我的思考有很大影响：C. Freeman, *Continental, Sub-Continental, and National Innovation Systems—Complementarity and Economic Growth*, *Research Policy* 31（2002）：191 - 211. 另见：J. Mokyr, *The Gifts of Athena*（Princeton University Press, 2002）.

和经济繁荣之间的因果关系,在经济学或科学学的研究中并未得到令人信服的证明。也就是说,科学可能只是经济发展的催化剂,一旦经济增长到一定水平后,该催化剂便会发挥作用。

本国的科学活动集群可以产生显著的经济溢出效应,不仅表现在为科学机构及其周边地区创造就业机会,还表现在创造能被本地企业掌握和利用的知识。在许多地方,特别是在硅谷,研究机构显然是促进地区经济增长的知识源泉。很多研究已经探讨了研究对本地技术发展的区域溢出,以及溢出对区域经济发展的更大影响。[①] 总体而言,研究机构、企业和当地人口似乎创造了一个良性循环,形成了促进科学活动和经济活动的肥沃土壤。这一发现,促使各级政府致力于推动本地科学集群(市级、州级、国家和国际)的发展,以实现这种科学和经济的良性循环。

这样的集群不仅能够促进经济增长,还可以针对当地的问题,以知识的形式为科学和政策提供帮助。比较而言,先进的科学机构更有可能重视其所在国家的需求。而那些无法在研究上进行大规模投资的国家,通常很难引起外界对他们问题的兴趣。例如,为什么美国在对抗癌症方面投入了巨大的资源,而像疟疾这样在发展中国家影响更广泛的疾病却一直很少受到关注。因此,科学活动的集中,不仅意味着一

---

① 文献综述见:Gordon L. Clark, Meric S. Gertler, and Maryann P. Feldman, eds., *The Oxford Handbook of Economic Geography* (Oxford University Press, 2003).

些领域和国家比其他领域和国家产生更多的知识,而且这些领域和国家同时也获得了创建何种知识以及解决何种问题的权利。

这不仅适用于享有全球声誉的研究机构,也适用于更小规模的机构。大多数科学发达的国家,会支持专门从事农业、健康(包括食品安全)、环境、生物技术、制造和交通运输领域研究的实验室,这些实验室致力于探索和解决本地的问题,在提高这些国家生活质量方面发挥着至关重要的作用。但不幸的是,它们所持有的知识往往如此本地化,以至于不能有效地应用于其他环境。

重新布局科学活动的意义

鉴于科学活动具有如此重要的价值,接下来有两个问题需要解决:第一个问题是,虚拟连接能在多大程度上弥补资源所在地和资源稀缺地之间的差距? 第二个问题是,应该采取哪些措施来更加公平地分配这些资源及其收益?

虚拟连接的作用

互联网的发展和万维网的演变,显然提高了研究人员分享数据和资源的便利性,从而明显增强了其创造力。如今,科学家和工程师可以比以往更容易地找到彼此并进行沟通,可以利用互联网和万维网来共享、存储和更新数据。然而,尽管它们的规模令人印象深刻，但这些变革并没有彻底改变科学的实践方式。在与科学家的访谈中，这一点表现得很清晰，即使互联网和万维网大大提高了科学家分享信息的效率，但它们总体而言没有提供新的能力。研究人员的通信从信件转换为电子邮件。在存储数据和分析信息方面，他们现在运用数字格式进行，并运用计算机分析。① 之前收集数据库可能需要几个月时间，但现在可以在几个小时内编制和扩充这些数据库。

这个规则也有一些例外。例如，分布式或网格计算，使得原本那些依赖于超级计算机才能处理的需要巨大计算能力的项目，现在只要利用数千台普通个人电脑就可以完成。例如，美国加州大学伯克利分校寻找外星智慧生物（The Search for Extraterrestrial Intelligence，SETI）的项目，就是利用这种方法来研究波多黎各阿雷西博射电望远镜所收集的大量数据。该望远镜收集的观测数据被传输到 SETI 项目位于伯克利的设施中，然后被分成小块，分散下载到安装有 SETI 软件的志愿者的电脑中。该软件会自动分析数据并将结果发送回伯克利，在那里再被整合成一个巨大的数据库。②

同时，人们还尝试将不同实验室的大型设备连接起来，形成虚拟网络。例如，纳米科学研究已经创建了这样的网络。

---

① 对在线资源的使用，如实时设计和测试，正在成长为一种实践，有人称之为 eScience，相关资源可见：www.nesc.ac.uk/esi/.

② 关于该项目的更多信息见：setiathome.berkeley.edu.

因为纳米科学的研究对象在原子和分子级别上,研究者需要高度专业化的设备,典型的例子是观察其研究对象所需的先进显微镜。目前,最新的进展是远程操作具有纳米探针的原子力显微镜进行物理实验。例如,北卡罗来纳大学教堂山分校(The University of North Carolina at Chapel Hill,UNC)开发了一个名叫纳米操纵器(nanoManipulator)的机器人系统,它可以通过互联网进行实时的三维可视化实验。[1]

从理论上讲,这些工具可以让远程研究者也能够获得资源,而不必前往这些资源所在的机构。人们常常认为,这是利用互联网将贫穷国家与知识中心联系起来的一种方法。[2] 然而,单靠这种策略是不可能成功的。只有当研究者已经见面合作过,并利用电脑和通信设备在交流网络中协作时,虚拟联系才能发挥最佳作用,例如共轭聚合物团队。[3]

此外,能否获得设备并不是唯一的问题。同样重要的挑战是,找到一种方式来开展充满活力的讨论和互动,即与其他研究人员一起在实验室工作所带来的社会资本。研究人员当然可以通过电子通信渠道接入这样的讨论,但是电子通信很

---

[1] A. Ferreira and C. Mavroidis, "Virtual Reality and Haptics for Nanorobotics," *IEEE Robotics and Automation Magazine* (September 2006):78 - 83.

[2] J. Mendler, D. Simon, and P. Broome, "Virtual Development and Virtual Geographies: Using the Internet to Teach Interactive Distance Courses in the Global South," *Journal of Geography in Higher Education* 26, no. 3 (November 1, 2002): 313 - 25.

[3] 在我对那些在国际层面上从事分布式和协作式研究项目的科学家进行的多次采访中,我发现这些项目绝大多数都在开始或早期有面对面的会议。

少能够捕捉到面对面闲聊和自由讨论中所交换的全部信息，尤其是那些涉及许多人的讨论。此外，它们也不能传达隐性知识，即研究人员可能会拥有的直觉经验，甚至他们自己也没有意识到自己分享了隐性知识。通过一起工作和学习实践，科学家们掌握了捷径、习惯和最佳实践，这些都推动了他们的工作，但科学家可能从未意识到它们所起的作用。如果这些实践完全出于本能或者令人感到非常熟悉，研究人员可能永远不会想到将他们所掌握的经验用言语文字加以广泛传播。

这种忽视不仅存在于研究技巧，还存在于知识创造，知识创造也需要学习研究社区的主流规范和价值观，以及该社区共同的语言。这些规范很少以电子或印刷形式编码。相反，它们是通过实践、示范和日常评论的方式传递，这些交流方法都是虚拟连接无法实现的。

重绘科学：一个思想实验

鉴于科学产生的地点仍然非常重要，政策制定者应该采取什么措施来更加公平地分配科学资源？为了解决这个问题，让我们在约翰·罗尔斯（John Rawls）颇具影响力的"正义论"（Theory of Justice）的启发下进行一次思想实验。在1971年的同名著作中，罗尔斯建议，为了达成一个公平的社会秩序（或者，在这种情况下，进行公平的资源分配），我们应该在"无知的面纱"＊背后进行讨论，这将防止我们了解各自地位的细节。在这层面纱后面，每个人都有平等的机会变得富有或贫穷、先进或落后、虚弱或强大。罗尔斯把这个起点描述为"初始位置"（original position），或者说"适当的初始现状，它能确保在其中达成的基本契约是公平的"。① 他认为，如果我们从这个初始位置开始，最终会形成正义的一般概念，即作为公平的正义。也就是说，"它要求所有基本商品都平等分配，除非不平等分配对每个人都有利。"②通过认同这个规则，每个处于初始位置的个体都可以最大限度地提高其在社会中的预期福祉。

但是，将这个命题应用于科学是一个棘手的问题。从先前的讨论中可以回想起，资源的集中通常在知识创造方面发挥了至关重要的作用。因此，不平等的科学活动分配似乎对科学有益，至少在理论上对所有人都有好处。然而，与此同时，我们也认为，集中不应被推向极端。即使集中的结果是产生大量新知识，也不应该使单一政治实体远远超越其他国家，"掠夺"绝大多数可用资源，形成一种累积优势失控的局面。

＊ 译者注："无知的面纱"（veil of ignorance，又被译为"无知之幕"），指的是人们把自己置身于一种"无知的混沌"之中，不知道自己是富是穷，不知道自己的社会地位是高是低，也不知道自己的种族和肤色。需要说明的是，无知不是愚蠢，无知是一种理性，处于"无知的面纱"之后，人们仍然保留着作为理性人所应该具有的一切知识以及评判能力。罗尔斯（John Rawls）认为，当人们处在一片"无知的面纱"之后，他们所做出的决策才是公正的和有效率的。

① John Rawls, *A Theory of Justice* (Cambridge: Belknap Press, 1971), p.17.

② Rawls, *A Theory of Justice*, p.150.

这样的垄断,意味着其他地方将失去学习机会和创新能力。

因此,我们面对的挑战在于,如何在公平目标(偏好于分散)和知识创造目标(在许多情况下偏好于集中)之间建立恰当的平衡。这个挑战特别复杂,因为最有效的集中度可能因领域而异。很明显,在某些科学领域,共享设备是行之有效的。但在其他情况下,如果使研究得以发展,则研究能力必须在当地可以提供。换言之,同样的分布原则并不能适用于所有学科。

为了应对这一挑战,让我们返回到第二章中提出的四个模式。通过将研究的组织方式(自上而下或自下而上)与其实施方式(集中式或分布式)进行对比,我们得出了四类科学项目:大科学式项目、地缘式项目、协作式项目和参与式项目。大科学项目和某些地缘式项目往往非常庞大,并需要大规模的专业设备。因为这些项目非常昂贵,一旦创建就基本上沉淀在了这个地方。同时,对于知识体系而言,投资数个这样的资源(有时甚至超过一个)可能就会效率极低。在这种情况下,高度不均衡的分配是可以接受的,如果这些中心对用户免费开放并允许虚拟连接,就可以更好地实现公平。换句话说,这些资源应开放使用,并且在其中开发的知识应该广泛共享。

相比之下,协作式项目和参与式项目的进入成本较低。这种研究的小规模特征,意味着大量实验室可以分布在全球各地。在这种情况下,多样化的分布可能是社会最优的选择。例如,类似的实验室可以根据人口相对均匀地分布在不同的地区,从而为大多数研究人员提供便利。或者说,不同地区的实验室也可以专门从事同一学科中的特定领域研究,并根据其能力和需求积极参与资源和信息的交流。当地理条件是重要的研究输入时,第二种方法(分布式配置)开始变得有意义。例如,在农业研究中,小型的本地实验室和推广中心通常是进行研究、传递知识的最佳模式。

在分布式环境下,确保经验的学习仍然是一个挑战,但需要得到解决,因为知识创造的一个重要组成部分是隐性知识学习。如果研究被分割以便于任务共享,问题就变成了找出知识被整合和利用的地方。如果知识集成于一个单一受惠点,那么对分布式团队的其他成员而言,可能会失去学习过程中的重要部分,除非他们找到不仅可以获得整合的知识,还可以将其"绑定(tie it down)"以满足本地层面具体需求的方法。例如,人类基因组计划项目既是分布式的,又是全球合作的。由此,知识得以在所有研究参与者中间分享和传播。然而,要将知识整合到发现中,并将发现转化为产品,就要把研究限制于那些具有知识整合功能的地方,而世界上只有少数地方符合这些标准。

总之,即使在一个公正的系统中,科学的不均衡分布本身也并不是问题。事实上,一些科学领域常常会因生产知识所需的投资规模和范围而呈现出不均匀分布的情形。在这些情况下,为了特定领域的知识创造,需要把生产要素在地理分布上集中起来。问题在于,某些地方无法整合知识并将其转化为解决问题的方案。尽管政府通常会作为公共组织来提供这些功能，但由于国家系统中固有的偏见结构抑制了知识扩散，因此便会产生不平等，这不是由研究本身的地点问题所导致。总的来说，这些问题可以通过开放获取和虚拟网络，以及政府政策的变化得到部分解决。

研究地点上最大的不公平，普遍存在于那些集中布局但只能带来有限效益，特别是那些知识必须在当地有效使用才具有价值的领域。例如，在土壤科学、农业、水产养殖、生物学、水文学等科学领域，我们应该努力确保研究能力足够使用，最好是通过有针对性的当地投资来实现与科学网络中重要节点的链接。显然，这样的投资可以极大地提升一个地区或国家吸收和生产知识的能力。

回到现实世界

这个思想试验让我们了解到，什么是指导 21 世纪科学的政策和优先事项。首要且最简单的是，尽可能地消除人为的知识转移障碍，以便科学家在机会出现时可以建立联系，才能促进知识流动和增长。这些障碍不仅包括科学期刊访问权限、参加会议、购买设备，还包括前往特定研究地点所需的成本。此外，积极促进知识的转移，增加信息技术的使用和资金的配置来推动专门的技术知识传播到发展中国家。然而同样重要的是，我们也要承认这种策略的局限性。这是因为，有些知识可以轻易地转移,而另一些则不行。

尽管有些知识可以轻易地被本地吸收,但大多数领域仍然需要广泛的培训才能理解,甚至需要更多的培训才能应用于解决发展中的挑战。更重要的是,科学不仅仅是一个知识体系,可以从一个地方转移到另一个地方来解决问题和应对挑战。同时,基础科学或科学研究,是一个向知识体系贡献真正新内容的过程。这个过程,本质上是不平等的和"排他的"。也就是说,新型无形学院的自组织力量会不可避免地偏向某些连接和交换模式,而排斥其他的。

那么,世界上大部分国家该如何更充分地参与这个系统呢? 过去,这个问题的答案集中在创造本土科学能力上,特别是发展类似于发达国家的卓越研究中心。未来的解决方案,将在于制定更细致的策略,既沉淀本地投入,又与现有资源相连。通过这些策略,将能够建立并重塑科学活动的实际地理位置和知识的虚拟位置。

营造知识的新空间

在 20 世纪的大部分时间里,决策者们一直认为,为了有效地参与全球科学的发展,一个国家需要以科学发达国家的知识体系为参照,建立相应的机构、科学方向以及培养熟练的劳动力。许多发展倡议的重点在于,通过协调机构和法律组织建立类似于先进国家的国家创新体系。不足为奇的是,由于不同国家走的是不同的科技发展道路，以建立国家创新体系为重点的努力势必会变得更加复杂。例如，在日本，大多数研究能力来自私营部门。而在英国和美国，研究能力主要是在政府支持下发展起来的。在欧洲，政府会为研究和制造中使用的材料确定标准，而在北美，却由私营部门承担了这一角色。

其他学者也在寻求更基本的解释，阐述不同经济体成功地创造和利用知识的程度。例如，弗朗西斯·福山（Francis Fukuyama）认为，社会中的相互信任水平对合作水平有重要影响，而合作水平又是经济增长和技术变革所必需的。[①] 这是一个在直觉上具有吸引力的想法，正如前面所述，信任和社会资本对新型无形学院跨越传统政治、学科和地理界限，以及整合团队创造知识的能力至关重要。然而，在实践层面上，培养相互信任比复制另一个国家的基本法律、政治和经济制度可能更加艰巨。

相比而言，复制一个富裕国家科学机构的主要元素，可能是一个较为现实可行的办法，这种策略已经表现出一些表面的吸引力。为了培养或吸引顶尖的研究人才，并从研究集群中获得经济和科学收益，许多国家已经开始推出有助于自己声望提升的项目。但许多类似努力均未成功，原因在于它们忽略了至关重要的一点，就是吸引顶尖科学家并支持新知识

①　Francis Fukuyama, *Trust: The Social Virtues and the Creation of Prosperity* (New York: Free Press, 1995).

生成的独特本地条件存在与否。科学系统的新成员无法在高成本的学科中（如粒子物理学）与美国或欧洲相抗衡，这些世界上最富有的国家已经在这些学科中进行了大量的投资。但是，通过专注于独特的本地资源或独具吸引力的问题，后来者更有可能在新型无形学院形成一个新的中心。

　　创建有效运作的机构和发展本地的（科学）能力，仍然是21世纪科学政策的重要组成部分。但是，这些努力必须能够适应新的环境和形势。政策制定者需要结合知识的超空间分布进行思考，而不是认为他们的科学投资是一种孤立的存在。换句话说，在掌握新型无形学院的结构并识别出本地的需求和机遇之后，政策制定者必须确定，何时应该连接在地理位置上相距遥远但仍然可以为其所用的现有资源，以及何时应该沉淀本地的资本以建立或增强本国或地区的科技能力。从某种意义而言，这个选择类似于商业战略家所谓"建仓或购买"的决策。例如，公司何时应该建立新的能力或保留某些内部功能，何时应该依赖市场提供重要的资源或服务？在这两种情况下，决策者都必须对各种因素权衡利弊，包括所需投资的规模和范围，判定他们的需求特殊甚至是罕见的程度，以及他们现有的能力等。

　　然而，这两种情况之间的一个关键区别是，当决策者考虑投资的科学领域时，他们需要将自己的选择看作是"连接和沉淀"，而不是"连接或沉淀"。这两种方法大部分是相辅相成的，通常需要沉淀一些地方投资来创建与全球系统之间的联系(通过成为有吸引力的合作伙伴),或者确保这些连接得到回报。在全球知识网络中,决策者面临的挑战是如何在当地挖掘和利用知识。通常情况下,只有在当地具有一定科学能力(如机构和研究人员可以吸纳、应用和发展在其他地方开发的知识)时,该过程才会有效。

这并不是说,政策制定者应该尝试按照计划来构建科学体系。恰恰相反,以满足政治目标来构建科学团队会给系统带来低效率。事实证明,新型无形学院的内置规则和涌现结构,在建立知识生产所需的连接方面非常有效。因此,科技规划制定者应该寻求有效的激励措施,促进科学组织和投资在当地的合理使用。

乌干达的"沉淀和连接"

一些具有前瞻性的政策制定者正在迎接这一挑战,例如,乌干达国家科学技术委员会(Uganda National Council for Science and Technology, UNCST)的执行秘书彼得·内德米尔(Peter Ndemere)就正在经历这一过程。内德米尔多年来一直致力于制定乌干达的科技计划,收集数据以支撑该计划,围绕出台的文件(2007 年发布)建立起共识,增加科学和技术预算。在整个过程中,他敏锐地意识到,乌干达需要制定的战略既要高度适应本国国情,又要有利于建立国际的联系。正如内德米尔指出的那样,"乌干达需要利用我们国内没有的大量知识"①。

作为重要的第一步，内德米尔和他的同事要指导政策制定者选择出重点的投资领域。显然，乌干达作为世界上最贫穷的国家之一，无法像一个科学发达国家那样支持所有的科学领域。他们必须慎重地作出抉择，因为政策制定者无法承担通过全面投资去看哪些项目可能成功、哪些项目可能失败的成本。当乌干达政府意识到这些限制之后，基于大量公众意见，开始对病毒学、生物技术领域协作式和参与式科学活动进行了初步投资。② 他们之所以会选择这些领域，是因为它们既满足了当地的需求，又可以为本国和国际研究提供机遇。"如果我们乌干达人想对农业以外的领域进行研究，我们需要进行一些大胆的投资，"内德米尔解释道，"但我们必须找到吸引我们自己科学家的合适课题组合，否则计划将无法推进。而且，我们不能单独行动，我们必须与乌干达以外的其他团体建立联系。那么，我们该如何做到这一点呢？好吧，这一部分仍在展开之中。"③

此外，如果要保证战略可以持续，政策制定者必须确保科学活动的基本支持系统得以建立。在这方面，他们可能比早期进入新型无形学院的国家更具优势。这是因为，乌干达可

---

① 来自 2007 年 7 月 5 日作者在乌干达坎帕拉的个人访谈。

② Judi Wakhungu, "Public Participation in Science and Technology Policymaking: Experiences from Africa," 2004; see practicalaction. org/? id ＝ publicgood ＿ wakhungu.

③ 来自 2007 年 7 月 5 日作者在乌干达坎帕拉的个人访谈。

能不需要对完整的机构、支持服务和功能进行投资,这些传统上的支持系统已由科学发达国家提供。某种程度上,特别是在协作式和参与式的科学领域,网络可以替代自主创立的机构,计算机媒介通信可以帮助网络发挥这些作用。此外,对政府间或非政府组织而言,可以在区域层面提供一些支持提高科学能力所需的基本功能,而不是由每个国家内部提供。了解这些功能和它们所支持的能力,是下一章的目标。

第五章
科学能力和基础设施

"贫富差距已经引起了人们的注意。穷人们已经深刻地、理所当然地意识到了这一点。正是因为他们注意到了这一点,贫富差距也许不会持续太久,不会像世界上其他东西一样延续 2000 年。就像现在这样,一旦致富的诀窍被人所知,世界一半富裕一半贫穷的情况就会不再存在。"

——斯诺(C. P. Snow),《两种文化与科学革命》①

斯诺(C. P. Snow)在其名篇《两种文化与科学革命》(*The Two Cultures and the Scientific Revolution*)中,分析了二战后初期科学家与非科学家之间缺乏沟通所造成的问题。在很大程度上,这篇文章现实地评估了科学与社会之间的紧张关系。

① C. P. Snow, The Two Cultures and the Scientific Revolution (Cambridge University Press, 1959), p.44.

然而,斯诺对于科学在缩小贫富差距方面能力的分析是完全错误的。[①] 2000 年已经到来,但大多数分析家认为贫富差距已经扩大而不是缩小了。此外,新的差距,如数字鸿沟,正在出现。

科学非但没有减少不平等,反而可能使不平等加剧了。正如经济学家杰弗里·萨克斯(Jeffrey Sachs)指出的那样,在 20 世纪下半叶表现相对较好的国家拥有较高的粮食生产率和识字率,以及较低的婴儿死亡率和总生育率。[②] 科学进步构成了这些积极发展的基础,但在科学国家主义的影响下,取得这些进步的机会主要限于少数幸运的人。

今天,新型无形学院超越了国界,将来自世界四面八方的研究人员联系在一起,并允许他们联合和重组成团队,这些团队成员在决定工作地点和方式时往往将科学利益置于国家归属之上。随着自组织网络承担起国家科学管理部门曾经发挥的组织和协调作用,科学国家主义正在逐步被削弱。然而,国家体制远未消亡,它仍然是 21 世纪科学领域的一个关键部分。人们仍然生活在以地理疆域为界的国家中,如果幸运的

① C. Freeman, "Continental, Sub-Continental, and National Innovation Systems—Complementarity and Economic Growth," Research Policy 31(2002), cites the 1991 World Development Report as showing an increasing disparity of growth among different parts of the world. The World Development Report is issued each year by the World Bank; the most recent of these reports can be found at the following link (http://econ.worldbank.org/wdr/)。

② Jeffrey Sachs, The End of Poverty (New York: Penguin Press, 2004), p.70.

话,他们会生活在主权政府的管理下。普通公民共享科学带来的利益的可能性,在很大程度上是由他们所在国家的科学能力决定的,这种能力又取决于能否获得支持科学能力发展所需的基本功能和服务。考虑到这些因素,本章重点讨论两个问题,什么是科学能力,以及支持科学能力所需的基础设施有哪些类型?

科学能力: 一个攀登的阶梯

科学能力涉及对自然界知识的吸收、应用、创造和保留*等方面的能力。一般来说,这些任务代表了一个复杂性递增的阶梯,由于缺乏专门技能,有可能吸收知识而无法应用知识。例如,当出血热首次袭击非洲的一个地区时,科学家们可能已经知道这种病毒,但却没有能力处理。这是因为,在治疗过程中涉及文化问题时,可能需要那些经过专门培训的技术人员来进行治疗,并隔离烈性病毒。也就是说,仅仅拥有治疗方面的知识可能是不够的。

为了克服这个问题,政策制定者往往关注专门的知识转让服务。例如,乌干达的农业研究服务提供者是在该国国家农业研究组织 NARO(National Agricultural Research Organization)的支持下工作,以解决当地的具体问题。当地

---

* 译者注:将知识保留在组织中,以便以后使用。

的生产者可能会与 NARO 的科学家，以及邻国和国际研究人员进行合作研究，以实现提高当地种子产量等目标。为了确保知识能够在当地应用，NARO 与乌干达国家农业咨询服务机构（NAAdS）合作，培训和指导农民掌握 NARO 研究开发的种植技术。①

　　仅仅吸收和应用科学知识，而不创造科学知识是可能的。例如，如果一艘油轮在加拿大海岸失事，清理漏油需要有关石油、海洋环境和该区域野生动物等方面的科学知识。这些知识可以被吸收并在当地应用，以应对紧急状况，但并不需要创造新的知识或保留知识以供将来应用。一旦泄漏的石油被清理干净，该地区可能更希望不再需要这种专门的知识。

　　知识创造是科学能力更复杂的一个方面，需要有发现问题的能力，以及超越现有知识所需要的实验方法。随着科学领域的发展，进行创造性实验所需的知识水平变得更加详细和复杂，在涉及跨学科的领域尤其如此。根据一位与物理学家一起创造新纳米材料的化学家的说法，可能需要六个月的时间来很好地掌握材料科学中的物理知识，以帮助构建一个简单的材料合成实验。②

　　最后，科学能力中最复杂和最需要经验的，是保留知识以供未来获取和使用的能力。除非科学家能在以前工作的基础

---

① 参见（www.naro.go.ug）。

② Informal workshop, Los Alamos National Laboratory, New Mexico, Spring 2006.

上继续努力，否则他们不大可能在了解自然世界方面取得很大进展。正如罗伯特·胡克（Robert Hooke）在 1666 年对实验的介绍中所指出的：

> 古今中外都不乏这样的人，他们的天才和特质使其乐于探究事物的本质和原因，并从这些探究中产生对自己或人类有益的东西。但是，他们的努力只是单一的，很少有艺术性的结合、改进或调节，最后只产生了一些不值得一提的小产品。①

无论是在一个机构，还是在一个出版物、数据库中，或者在个人的理解和实践中，如果没有保留知识的能力，科学就不能发挥作用，更不能发展成可用的知识体系。

构建一个衡量科学能力的指数

科学能力是一个复杂的、多方面的概念，从某种意义上说，是无法衡量的。不过，通过收集有关科学能力的各种输入性数据，并将这些数据整合为一个指数，至少可以粗略地了解一个国家准备进入或参与新型无形学院的程度。② 这

---

① As quoted in Stephen Inwood, The Forgotten Genius: The Biography of Robert Hooke 1635 - 1703 (London: MacAdam/Cage, 2005).

② 这项工作是与 Rathenau 研究所（荷兰，海牙）的埃德温·霍林斯（Edwin Horlings）和兰德（RAND）公司（加利福尼亚州，圣莫尼卡）的阿林达姆·杜塔（Arindam Dutta）合作完成的。它更新了兰德公司 2000 年的科技能力指数（C. S. Wagner and others, Science & Technology Cooperation: Building Capacity in Developing Countries, Monograph 1357 - WB [RAND Corporation, 2001]）。

里提出的指数依赖于八个关键指标：①人均 GDP，②高等教育毛入学率，③每百万居民中科学家和工程师的数量，④每百万居民中研究机构的数量，⑤研究和开发（R&D）支出占 GDP 的份额，⑥每百万居民中的专利数量，⑦每百万居民在国际科技期刊上发表的文章数量，⑧2000 年每个国家国际合著论文中的相对份额。（关于该指数的构建细节见附录 A）

这些指标可以分为三类。第一类是有利于吸收、保留、生产和传播知识的环境"促成因素"；第二类是可直接用于科技活动的"资源"；第三类是科技的"嵌入性知识"，包括研究人员与全球科学界的联系程度。

"促成因素"主要体现为人均 GDP 和高等教育的毛入学率（或接受高等教育的学生人数占 5 年内已高中毕业的人口比例）。[①] 第一个指标代表道路、电力、交通、通信等方面的信息，间接衡量在特定国家系统内工作的容易程度。第二个指标代表这个国家支持、重视和提供受教育劳动力的程度。如果一个国家的人口在很大程度上没有受过教育、没有技能，那么即使对科学大量投资也不太可能得到回

---

① 这项工作是与 Rathenau 研究所（荷兰，海牙）的埃德温·霍林斯（Edwin Horlings）和兰德（RAND）公司（加利福尼亚州，圣莫尼卡）的阿林达姆·杜塔（Arindam Dutta）合作完成的。它更新了兰德公司 2000 年的科技能力指数（C. S. Wagner and others, Science & Technology Cooperation: Building Capacity in Developing Countries, Monograph 1357 - WB [RAND Corporation, 2001]）。

报。例如,在一个文盲率很高的国家建立一个生物医学研究中心,就像在沙漠里种下一颗种子,项目不太可能扎根,更不用说蓬勃发展了。为了生产能带来社会效益的知识,研究中心需要的不仅仅是熟练的技术人员和辅助人员,还需要与一个有能力获取知识并将其应用于有用目的的经济体相联系。

可用于科技的资源,体现在科学家和工程师的数量、研究机构的数量以及研发支出的数额上。这些指标可以衡量参与科学问题解决的总体能力、科学家进入研究中心的程度,以及国家对整个科学的财政投入。

一个国家的嵌入性知识存量——这些知识是在当地发展起来的,而且能方便地供未来之用——以每百万居民拥有的专利和科技期刊文章的数量为代表。通过一个国家在全球[*](合著)论文中的相对份额,可以衡量它与外部世界的联系,以及该国研究人员在世界上的层次。

为了构建一个指数,我将每一个指标标准化,并将它们整合起来,建立了一个衡量科学能力的单个指标。我赋予资源指标(代表能力的直接衡量标准)的权重是促成因素以及嵌入性知识与连接性的两倍。表5-1给出了76个国家在这一过程中的排名。

_____

[*] 译者注:指与国外作者合作产生的论文。

表 5-1 按加权平均数对 76 个国家进行排名

表现优秀的国家	表现良好的国家	有待发展的国家		表现落后的国家
1 美国	17 新加坡	28 白俄罗斯	41 智利	68 叙利亚
2 加拿大	18 韩国	29 葡萄牙	42 马其顿	69 塞内加尔
3 瑞典	19 新西兰	30 斯洛伐克	43 罗马尼亚	70 尼加拉瓜
4 芬兰	20 爱尔兰	31 匈牙利	44 南非	71 印度尼西亚
5 瑞士	21 俄罗斯	32 克罗地亚	45 哈萨克斯坦	72 斯里兰卡
6 日本	22 斯洛文尼亚	33 立陶宛	46 摩尔多瓦	73 多哥
7 德国	23 意大利	34 波兰	47 中国	74 中非共和国
8 以色列	24 西班牙	35 保加利亚	48 科威特	75 尼日利亚
9 澳大利亚	25 爱沙尼亚	36 古巴	49 哥斯达黎加	76 布基纳法索
10 丹麦	26 希腊	37 约旦	50 巴西	
11 英国	27 捷克	38 阿根廷	51 伊朗	
12 挪威		39 拉脱维亚	52 土耳其	
13 法国		40 阿塞拜疆	53 墨西哥	

续 表

表现优秀的国家	表现良好的国家	有待发展的国家		表现落后的国家
14 荷兰		54 亚美尼亚	63 乌干达	
15 比利时		55 印度	64 泰国	
16 奥地利		56 毛里求斯	65 菲律宾	
		57 马来西亚	66 埃及	
		58 玻利维亚	67 厄瓜多尔	
		59 突尼斯		
		60 秘鲁		
		61 孟加拉		
		62 巴基斯坦		

美国、加拿大、瑞典和其他先进的工业化国家（主要是欧洲国家）位居榜首，这并不令人惊讶。事实上，如果情况不是这样，反而可能表明该指数构建得不好。但是，该表确实反映了一些令人惊讶的情况。例如，几个苏联集团＊的国家（斯洛文尼亚、爱沙尼亚和捷克共和国）在科学发达的国家中名列前茅，而其他国家（匈牙利、克罗地亚、立陶宛、波兰和保加利亚）的排名仅高于贫困的古巴和约旦。巴西、土耳其和墨西哥都落后于阿塞拜疆。将指数分解成主要部分有助于解释这些明显的反常现象，这个问题将在附录 A 中讨论。

必须强调的是，这一指数并不是衡量科学能力的绝对值，而只显示了各国在这些指标上相对于其他国家的得分情况。此外，数据可用性的制约也限制了可以计算汇总值的国家数量。尽管如此，通过调整基础指数的方法，政策制定者可以开始清点他们自己国家的科学能力。

加入新型无形学院——以越南为例

国家科学技术政策与战略研究所（National Institute of Science and Technology Policy and Strategy, NISTPASS）是越南科技部（Ministry of Science and Technology, MOST）创建的一个独立部门，它的副所长陈玉嘉（Tran Ngoc Ca）在 2000

＊ 译者注：作者指的是苏联加盟共和国及其东欧盟国。

年对越南的科技能力进行了评估，这是将越南带入顶级科学国家行列长期计划的起点。越南科技部的官员们确信，需要更有效地利用科技来对抗经济贫困和社会剥夺。因此，这个小国需要一个自下而上的战略，为知识经济建设科学能力。这是陈玉嘉面临的挑战。

剧变后的新世界

越南科技部当局寻求建设科学能力所面对的环境，与范内瓦·布什（Vannevar Bush）在其二战后的报告《科学——无尽的疆域》（*Science, the Endless Frontier*）中所描述的世界截然不同①。在 20 世纪科学国家主义时代，发达国家建立了大型的政府机构来管理科学和技术，并从国家层面推进创新。科学发达国家通过制定法规、建立标准、提供资金，以及设立机构来培育和获取科学的回馈。但是，鉴于越南的财政限制和世界范围内研究经费的大幅增长，越南不可能建立这样一个国家系统。科技部的官员们认识到，越南不可能在所有的科学领域进行投资，也不可能建立推进科学能力所需的所有机构。因此，为了繁荣科学发展，越南的科学战略必须依托一个以国际为重点的体系。对于一个经历了数十年战争，之后又经历中央计划体制并与世界相对隔绝的国家来说，这是一

① Bush, Science, the Endless Frontier, A Report to the President by Vannevar Bush, Director of the Office of Scientific Research and Development, July 1945 (Washington: United States Government Printing Office, 1945).

个巨大的变化。

对于在爱丁堡大学(University of Edinburgh)获得科技规划博士学位的陈玉嘉来说,这种方法的精妙之处是不言而喻的。他的研究以及对欧洲、北美和日本的访问,使他对知识经济的发展动态,以及建立灵活、适应和开放系统的必要性有深刻的认识。"我们在越南有一场辩论,"陈玉嘉解释说,"除非你选择正确的投入方式,否则将是对时间和金钱的浪费。但什么是正确的投入方式呢?答案在投资于基础设施还是投资于人之间逡巡。但我持有不同的观点,在我看来,孤立是我们面临的最大问题之一,更加国际化才是我们的出路"。[①]

厘清已有优势

陈玉嘉首先考虑了有效支撑科学技术能力的促进因素。最初的前景并不是很光明,越南的人均 GDP 非常低,2002 年在所有国家中仅排名第 156 位。此外,根据联合国教科文组织的数据,其高等教育各领域的毛入学率只有 10%。但是,越南一直在增加教育投资,这又让他深受鼓舞。[②]

---

① 来自作者的电话采访,2007 年 2 月 23 日。

② 根据联合国教科文组织的数据,小学净入学率已从 1990 年的 86%提高到 2003 年的 91%,辍学率从 12%下降到约 3%,留级率从 9%下降到不到 5%,毕业率从 47%提高到 75%以上。但是,最近的一项全国学校调查表明进展水平较低,被用作陈玉嘉工作的基线。此外,越南还大幅扩大了初中教育机会。从小学到初中的过渡率已经从 78%提高到 88%,使大多数越南年轻人能够获得九年的基础教育。2003 年,教育部门在公共总支出中的比例为 17%。

当陈玉嘉将注意力转向可用于科学和技术的资源时发现,尽管越南在科学能力方面的投资不多,但并非从零开始。在 21 世纪初,越南拥有的受过技术培训人员的规模,相对其经济发展的水平和体量而言已经很大。实际上,该国每百万居民中的科学家和工程师人数已经接近国际中位数。同样,相对于人口而言,越南的研究机构数量在科学发展中国家里处于中等水平。但问题在于,与其他国家相比,越南研发经费占国内生产总值的百分比(这是最常用于衡量科技直接投资的标准)明显落后于其他国家,在越南国家预算中只有很小一部分用于研发(大部分资金来自于捐助)。越南最近在这一领域取得了一些进展,但紧迫的国内需求使其难以增加对研发的投资。

尽管如此,当陈玉嘉在对越南的嵌入性知识存量检查时发现,该国的科学成就超过了与其经济规模相匹配的水平。2002年,越南研究人员在国际公认的科学和技术杂志上发表了近400 篇论文。该国在数学方面的表现尤为突出,而数学通常被称为"科学的语言",与计算机科学领域密切相关。此外,该国在材料科学方面也具有优势,如纳米结构和聚合物的开发等。

陈玉嘉还意识到,那些不太正式的甚至未经系统归纳过的嵌入性知识,可能会在决定国家科学战略方面发挥同样重要的作用。他解释说,"真正的能力是取决于人的,尽管有时我们可能会对能力有不同的理解,但是都应该在公司员工和大学研究人员身上加大投入。能力养成是一个需要不断学习的过程,你可以看到各种学习方式:通过实践学习,通过正式培训和教育学习,通过互动学习。"①这样的学习氛围和对知识的重视,可能会为越南在开发新知识和吸引海外研究人员的关注方面带来优势。

就像陈玉嘉知道的那样,沿海地区的虾农在管理水产养殖问题方面有大量的经验,湄公河三角洲的果农也是如此。但是,由于这些群体与研究机构没有太多联系,他们基于当地条件的独特知识不太可能反馈到研究过程中。因此,必须制定政策来捕捉这种嵌入当地的知识,才能使研究人员能够获得这些知识,将研究结果反馈给在当地工作的人,并再次获得他们的反馈。在某种程度上,这意味着要对新软件、数据库和实验室空间的投资,以及在海外培养顶尖学生。此外,越南的政策制定者还加强了与一些国际农业研究中心的联系,例如由国际农业研究磋商小组(世界银行主持的一个政府间小组)资助的研究中心。这些联系,使人们能够获得推进当地研究所需技术标准的相关重要信息。此外,决策者们还会利用亚太经济合作组织(Asia-pacific Economic Cooperation, APEC)论坛提供的地方合作机会。例如,越南和日本目前正在合作测试当地产品的质量。

最后一个例子,凸显了连接性在越南科学政策中的重要

---

① 来自作者的电话采访,2007 年 2 月 23 日。

性。如何将国家与更大的世界科学网络联系在一起,可能是最大的挑战。"我们面临的最大问题是与外部世界的沟通,"陈玉嘉说,"我们有优秀的科学家在这里工作,工作也很努力,但因为主要用越南语工作和发表文章,他们往往不为更大的科学世界所知。因此,我们需要帮助科学家变得更加自信,并与国际建立更多的联系。"

从越南与全球科学网络的连接程度看,问题可能不会立即显现出来。在诸如不同国家合著论文份额比较方面,越南的表现优于其他国家。实际上,它的国际合作率非常高,所有出版物中与其他国家科学家共同撰写的论文超过了 70%。但这是大多数小国普遍存在的现象,因为它们自身无法提供当地科学家所需的全部资源。这就引出了两个问题:第一个问题,合作凸显的是连接性还是依赖性? 第二个问题,在全球范围共享资源是否有助于国内的科学能力建设? 我们必须看到,特别是当科学基础设施不完善或很薄弱时,建立与国际科学界的联系有时是以牺牲本地联系为代价的。因此,要推进科学能力的长期持续发展,也需要与当地的应用相联系。

为了鼓励更多更有成效的互动,科技部的官员决定让科学家牵头自主确定国际合作的机会。在科技部建立的关于凸性和单调性(一些数学函数的两个重要特征)的数字论坛中,科学家们在虚拟空间中讨论,任何感兴趣的人都可以加入这个公开的论坛。高级科学家和学生一起工作,并与其他国家的科学家联系,其中的许多人祖籍越南。"这样,我们就可以分组组织,集中讨论一个主题",陈玉嘉解释说:"当他们想要面对面交流的时候,可以申请资金并展示互动的记录。"这一计划很快就取得了成效,基于在互联网上建立的联系,越南在2002年成功主办了一次关于凸性和单调性的世界会议。[①]

设置投入的优先级

这些厘清并建设科学能力的积极举措,只是越南科技战略的一部分。科技部的官员还试图确定投资的优先领域,他们可以通过多种方式来完成这项任务。在一些国家,如美国,通常会利用以国防、能源、太空和健康等公共任务为指导的政策进程来确定优先事项。可见,美国的科学进程深受立法机关的影响。

在日本,科学优先事项是由负责科学技术的部门,通过协商一致的调查过程确定的。在这一特定过程中,往往要收集数百名研究人员和研究管理人员的反馈意见,才能确定哪些科学或技术更有利于满足关键的社会需求。[②] 这些观点经整理后,就成为公共科学预算的指南,从实际结果来看,非常偏好于资助那些能够支持工业发展的科学问题。

----

① 第七届广义凸性/单调性国际研讨会于 2002 年 8 月在河内举行。

② T. Kuwahara, "Technology Forecasting Activities in Japan—Hindsight on 30 Years of Delphi Expert Surveys," Technological Forecasting and Social Change 60, no. 1 (January 1999):5 - 14(10), Elsevier.

在欧洲，专家和公民团体往往会聚在一起，讨论社会需求、科学和技术机遇以及现有的资源，这一过程被称为"前瞻"*。共同审议的结果影响了国家和欧洲两级的预算决策过程。尽管各国"前瞻"会议的影响各不相同，但它们是欧洲科学优先事项设定的一个共同特征。同时，它们也经常会设置一个社会议程。

越南科技部官员没有采用上述这些方法，而是选择将重点放在厘清越南的现有优势上，并在此基础上结合当地的需求和能力进行建设。他们意识到，这个过程必须有选择性，但特别是对于越南的国情而言，这种选择毫无疑问也会极具风险。根据陈玉嘉的说法，他们事业的指导思想是，"不要把资源分散得太薄，要敢于承担风险，在那些国家既有能力又有需求的领域进行大规模投资。"同时，对当地研究机构的投资，应把促进其在应对当地相关挑战的过程中提高自身能力作为主要的考虑。这既应该包括如何提高当地投资效率的能力，也包括如何与区域或全球合作伙伴建立有效联系的能力。

科技部的代表指出，越南的总体优势，既在于重视知识和教育的文化、庞大而低成本的劳动力储备，也在于来自世界各地的善举，尤其来自那些在其他国家接受教育、祖籍越南的科学家和研究人员。此外，科技部还发现，越南科学家似乎在某

---

* 译者注：前瞻(Foresight)是一种面向未来的政策方法，包括面向未来的思考、优先事项的确定和长期规划。各利益攸关方参与这一进程至关重要。前瞻过程涉及参与性的愿景构建、战略设计和行动支持过程。

些领域取得了巨大成功。特别是,他们关于传染病的文章比其他领域的文章被更广泛地引用。此外,越南为本地和国际研究人员提供了许多研究麻风病、禽流感、严重急性呼吸系统综合征(SARS)和小儿登革热等疾病的机会。在其他问题中,细菌或病毒耐药菌株的出现也引起了人们的关注和研究。因此,越南科技部已选择把生物技术领域作为 21 世纪科学工作的重点之一。

建设科学基础设施

正如越南的例子所示,对有助于提高科学能力的要素(见表 6-2)进行系统总结,是制定国家科学战略的有力起点。但是,要使这样的战略取得成功,政策制定者就不能仅仅着眼于科研经费,还必须重点关注科技研发的功能性支持和服务性支持,把支持科学能力的基础设施纳入关注的视野。如果没有这个基本支柱,而只关注科技研发,那么建设科学能力的尝试注定是缘木求鱼。试想一下,如果没有像计量或推广这样的相关科技服务,并保证这些服务发挥作用,知识创造活动就无法持续。

但是,也有一些令人鼓舞的消息,那些传统上由某个国家独立建设的科学技术基础设施,已不再必须由政府负责。这样,每个国家都不需要独立承担这个支持系统的所有功能。一些系统功能,例如标准设置和知识检索,可以从其他地方购买或借用。换言之,这些服务可能由区域性或国际性的非政府组织或多个政府间的合作组织共同提供。因此,基础设施是支撑科学技术系统的重要支柱,了解科学技术基础设施的基本组成部分是建设基础设施的第一步。

科学、技术和工程基础设施的要素

传统上,科学基础设施是指有助于维护科技系统的物质设施和关键服务。科学基础设施的主要组成部分包括:实验室和设备;标准、测试和计量服务,包括监管和合规服务;推广、技术转让和信息收集服务;以及知识产权保护。类似的支持功能在所有科学发达的国家都可以找到,尽管在不同的国家可能由不同的公共、私人和学术部门机构共同提供。例如,北美国家的公共部门提供大部分研究资金,但日本的私营部门资助了大部分的研究。同样,在欧洲和美国,公共和私人部门在制定和执行标准方面也发挥着不同的作用。这种多样性,反映了不同初始条件的科学机构会随着时间的推移产生更明显的差异。同时,随着国家体系的发展,每个国家都体现出不同的特点,这也碰巧证明了一个现象,就是复杂自适应性系统可以以许多不同的方式组织和结合。在这里,我并不试图关注一个系统是否优于另一个系统。相反,我把重点放在所有现存系统共有的活动和功能上。此外,我还希望进一步讨论科学发达国家这些功能的重要性和配置(见表5-2)。

表 5-2 科学能力的要素

基础设施的组成部分或功能	子维度	具有先进科技能力的国家的指标范围
科学和技术实验室	实验室设备	平均每 10 万名居民对应 2 至 9 个机构，设备花费需要达到研发资金的 20%
	实验室空间	每个研究人员分配 250 至 1000 平方英尺的空间
	公共研究支出	每 100 000 名居民的 GERD 支出约为 6 000 万美元[a]
	政府在学术研究中的份额	政府资助 60% 到 70% 的大学研究
	政府在商业研究中的份额	政府资助超过 6% 的商业研究
	产业界对学术研究的贡献	产业界资助了大约 6% 的学术研究
标准、测试和计量服务		政府在每 10 万居民中花费 150 000 美元用于制造业推广服务
拓展服务、技术转化和信息收集		政府为每 10 万名居民提供近 20 万美元的制造业推广服务
可用数据无法估计基础设施的以下维度		
知识产权保护	政府提供法律框架；公共部门授予和诉讼知识产权；专利局通常需要自筹资金	许多国家的公司倾向于在美国、欧洲、日本申请专利，以获得广泛的市场保护
职业教育与培训	政府（国家、地区、地方）、私营部门提供的培训机会；支出差异很大，难以估计	政府普遍高度重视职业和技术培训
监管和合规服务	政府（国家、地区、地方）制定法规并提供合规服务；企业也提供合规服务；难以估计其开支	不同的国家有非常不同的法规和服务组合；责任方（公共或私人）在各国之间也有很大差异

资料来源：作者根据经济合作与发展组织（经合组织）的数据和其他政府数据进行的计算。

a. 美国 2005 年研发总支出（美元），根据 OECD 定义。

科学和技术机构

科学和技术机构是所有科学基础设施的支柱。许多国家认为，对实验室及其设备（通常位于大学或独立研究中心内）的投资是科学战略的一个重要组成部分。并且，由于机构场地通常是由砖头和水泥建成的，它们比个人的技能和专业知识等无形资产更容易识别。换言之，越显眼的东西越容易被统计。这意味着，可供利用的科学和技术机构及其设备的数据，明显多于基础设施的其他元素。例如，世界银行的数据显示，科学发达的国家平均每 10 万名居民拥有 3 个科学或技术机构。[1] 这一统计数字，来自 16 个科学发达国家的平均数。根据美国国家科学基金收集的数据，美国科技机构用于研究的空间总共超过 1 亿平方英尺。[2] 平均算下来，每位研究负责人（受资助的主要研究人员）拥有超过 2 000 平方英尺的研究空间，而在其指导下的研究人员也有超过 200 平方英尺的空间。[3]

政府为这些机构的实体设施和仪器提供了很大一部分资金。2000 年，美国政府为学术研究实验室的总建筑成本提供

---

[1] The World Bank, World Development Indicators 2002 (Washington: World Bank, 2002).

[2] National Science Board, Science and Engineering Infrastructure for the 21st Century: The Role of the National Science Foundation (Arlington, Va.: NSF, 2003).

[3] 同上

了近 10%的资金*,甚至还承担了自己负责实验室*的资金成本*。① 此外,政府还经常为研究人员所需的专门设备提供保险服务,并根据具体情况进行资助。美国国家科学基金会估计,2000 年联邦政府承担了学术研究仪器总支出的近 60%*。②

总体而言,在 2000 年,科学发达国家平均将其 2%以上的GDP 用于研发。这些资金通常分配给三个部门:政府实验室、工业实验室和学术实验室。根据美国国家科学委员会的一份报告,美国在科技基础设施上的公共支出占 2002 年总研发支出的 20%。③ 同样,美国国家科学基金将其预算的 20%以上用于基础设施。那么,根据经验,我们可以说,每一美元研究经费中都有 20 美分用于资助设备和实体建筑。④ 这个数字可

---

* 译者注:经译者核实,*Science and Engineering Infrastructure for the 21st Century: The Role of the National Science Foundation* 显示:1996—1997 年联邦政府直接提供了所有新建筑建设资金的 8.7%(2.71 亿美元)和所有维修/翻新资金的 9.1%。

* 译者注:指国家实验室。

* 译者注:资金成本是指购买土地、建筑物和设备时产生的一次性费用。换句话说,它是使项目达到可运营状态所需的总成本。

① National Science Board, Science and Engineering Infrastructure for the 21st Century: The Role of the National Science Foundation (Arlington, Va. : NSF, 2003).

* 译者注:经译者核实,*Science and Engineering Infrastructure for the 21st Century: The Role of the National Science Foundation* 显示:1999 年,由联邦政府资助的学术研究设备支出为 58%。

② National Science Board, Science and Engineering Infrastructure for the 21st Century: The Role of the National Science Foundation (Arlington, Va. : NSF, 2003).

③ 同上。

④ 这条规则的一个部分例外是研发支出的比例,通常用于支付间接成本,包括资本设备和建筑的维护——定义为运营成本——但不包括新设施的建设。

以作为政策制定者的一个粗略指南,从而确定如何分配科学和技术资金。

标准、测试和计量

科技部门的这些功能对先进的工业化经济体极为重要。[①] 科学活动涉及的范围非常广泛,给各国经济都带来明显的回馈。通过使用标准、测试和计量服务(通常由无利害关系的第三方提供),公司可以向客户保证产品符合质量性、通用性或功能性的标准。例如,要满足科学研究的需要,在科学领域,化学品和显微镜的功能必须符合严格的标准。

制定和执行科学标准的责任主体因国家和领域而异。有些政府会直接参与制定公共和私营部门的标准,而有些则不参与制定私营部门的标准,只参与确定公共部门的规格。在许多情况下,政府也会接受私人标准进入公共体系。在某些情况下,标准实际上是在市场或实践中制定的。在另一些情况下,也可能是由一个决策小组通过立法制定。这种标准制定的主体通常会遵循国际惯例,一般包括公共和私人机构的代表。例如,美国国家标准与技术研究所(National Institute of Standards and Technology, NIST,美国商务部的一个机构)的量子物理部门与一个顾问委员会合作,利用量子物理学、量子光学、化学物理学、引力物理学和地球物理测量学,进行基

---

① 在一个经济体的整个工业化基础上都是如此,而不仅仅是与科学有关的部门,但本讨论侧重于这些职能中与科学有关的部分。

础性、高精度的测量和理论分析,[1]其中就包括开发激光作为一个精确的测量工具。并且,所有开发出的技术标准,都会与国内外任何有使用兴趣的研究机构共享。

在所有科学发达国家,至少有一个机构负责法定计量,即规定度量衡,通常情况下,这会是一个国家机构。此外,认证机构在这些经济体中也发挥着重要作用。这些机构,如认证实验室,提供收费的第三方质量担保,其提供的服务包括校准、测试、认证、检验和验证。这些机构往往是私人设立和经营的,但也有一些国际机构会帮助确保认证程序的一致性。当然,这些国际机构面向所有国家的用户。[2]

成果推广、技术转让和信息收集服务

许多国家资助成果推广和技术转让服务,为研究、开发、测试和评估提供帮助。平均而言,科学发达国家在推广服务上的人均投入接近 2 美元。[3]这些活动可以采取类似荷兰政

---

① 参见 NIST 量子物理部门物理实验室网站(physics. nist. gov/Divisions/Div848/div848. html)。

② 据经济合作与发展组织透露,日本工业标准中心 2002 年的安全、计量、标准预算约为 1.103 亿美元。欧盟每年在测量和标准化方面的支出超过 830 亿欧元,占欧盟 GDP 的近 1%,每在测量活动上支出 1 欧元,估计可产生 3 欧元的效益,美国的支出与此相当。在发达国家,工业承担了大量的标准化和计量成本和费用。参见 G. Williams, The Assessment of the Economic Role of Measurements and Testing in Modern Society (Oxford: European Commission, 2002)。

③ C. S. Wagner and M. Reed, The Pillars of Progress, Infrastructure for Science (Vienna: UNESCO, 2004)。

府资助的"科学商店"的形式，将知识从大学转移到工业界。日本政府在全国建立了 Kohsetsushi 工程中心网络，以帮助工业界应用科学、技术和进行工程适配。[①] 许多国家支持科技园区的建设，例如为园区中有增长潜力的公司提供低成本土地、建筑贷款和税收减免。在俄罗斯，政府还通过建设孵化中心支持小型技术初创企业。[②]

此外，政府还收集和提供有关外国研究中心的研发信息，这种类型的情报收集对用户来说非常有价值。[③] 同时，此类服务的规模和所提供信息的深度多种多样。日本科学技术局（Japan Science and Technology Agency，JST）的服务可能是最发达的，其收集、分析和发布来自世界各地的技术信息。在许多情况下，标准制定或认证等推广服务可以确保当地行业了解和证明其产品符合市场标准。

知识产权保护

谁可以拥有和控制科学研究的结果是一个非常有争议的问题，并引发了许多法律、行政和贸易争端。[④] 尽管知识即财

---

① 根据日本政府网站，在 1988 年度财政，Kohsetsushi 工程中心获得了大约 5 亿美元（每 10 万居民 40 万美元）的累计资金。

② 在德国，技术转让中心 1995 年的预算约为 9 500 万美元（每 10 万居民 116 000 美元）。

③ C. S. Wagner and A. Yezril, Global Science and Technology Information: A New Spin on Access, Monograph Report－1079－OSTP（Santa Monica, Calif.：RAND Corporation,1999）. 参见 rand. org/publications/MR/MR1079/.

④ 细节参见 D. Nelkin, Science as Intellectual Property: Who Controls Research?（New York: Macmillan Press, 1984）.

产的概念几乎与现代科学同时出现,并不新鲜,但研究规模、性质和结构的不断变化加剧了这一概念在法律编纂上的争论。在生物和生物技术的产品方面尤其如此,例如,一些外国公司获得了诸如印度提炼茶树油等本土天然产品的专利,并从中获利。不出意料,一些政府认为此类专利是不恰当的,并提出了索赔。① 类似的,嵌合体和克隆生物材料等专利的授予也引起了巨大争议和国际批评。

专利的出现,最初是出于这样的想法,有时间限制的垄断会刺激发明或创造性工作的产生、披露和发展。保护发明者权利的重要性,在 1789 年被写入美国宪法。今天,大多数科学发达国家都有一个专门用于知识产权保护的办公机构,负责注册和保护专利、版权和商标。这些专利服务,主要是有利于工业界的科学家(当然也包括他们的雇主),使他们更有可能为自己的工作申请专利而不是发表论文。然而在美国,自 1980 年《贝多尔法案》*通过以来,专利申请在学术界也变得越来越重要,原因在于这一法案使得大学更容易保留由政府资助的研究所产生的知识产权。为了识别和注册知识产权,许多大学已经开设了专门的办公室。因此,更多的学术研究现在有了商业应用。但也有一些批评者指出,这么做的代价

---

① Aaron S. Kesselheim and Jerry Avorn, "University-Based Science and Biotechnology Products, Defining the Boundaries of Intellectual Property," JAMA 293(2005):850 - 854.

* 译者注:《贝多尔法案》明确了由政府支持的研究所产生的经济利益由发明人和承担科研任务的机构获得,而不是政府。

是减少了科学信息的自由流动。[①] 他们认为,曾经可能被发表和披露的研究,因向美国专利和商标局提交专利申请而常常被暂时保密。此外,许多研究曾经可以免费提供给感兴趣的人,但现在只有那些有能力支付许可费的人才能获得。

　　我之前对新型无形学院运行的讨论表明,新兴知识的创造依赖于开放的交换网络,对新思想和数据流通的任何限制都会降低其有效性和生产力。因此,科学研究不应该受到政治或财政的限制。尽管如此,大多数国家确实需要一个办公室来监督科技产业的专利注册过程,即使只是为了确保获得可能被外国投资者垄断的材料和工艺。不过,这些机构的更长远目标,应该是努力建立一个更加开放的知识产权制度,以帮助弥合而不是扩大贫富差距。

超越国家系统

　　随着全球化的加深和扩大,各国共同承担知识产权保护等基本服务,并通过联盟的形式在国际层面协商达成具体的

---

① David C. Mowery and others, "The Growth of Patenting and Licensing by U. S. Universities: An Assessment of the Effects of the Bayh-Dole Act of 1980," Research Policy 30, no. 1 (January 2001): 99 - 119. Other analysts find that changes in the intellectual property rights regime have not substantially altered the norms that guide scientific research. See Fiona Murray and Scott Stern, "Do Formal Intellectual Property Rights Hinder the Free Flow of Scientific Knowledge? An Empirical Test of the Anti-Commons Hypothesis," National Bureau of Economic Research (NBER) Working Paper No. 11465 (July 2005). See nber. org/papers/w11465.

操作规范,会变得越来越有意义。与目前相互重叠和竞争的国家管理体制相比,这样的制度更有助于促进知识深入交流和经济互惠互利。因此,各国要做的不仅仅是合作资助和开展科学研究,还应该合作建设支持这种活动的基础设施。以计量为例,由于遵守单一标准才能提高效率,各国政府如果能够联合起来,可以在地区层面提供更好的服务。但在其他情况下,如信息收集,由单一实体来协调全球层面的问题可能是有意义的,就像全球生物多样性信息基金(GBIF)所做的那样。虽然这种工作分工的前景很诱人,但要找到和当地需求相匹配的最有效的方法,还需要不断地探索,也需要不断地试错。

　　总而言之,科学支持系统的要素可以以不同方式整合和重组。表5-2中列出的任何服务,都可以由一系列机构提供,无论是公共的或私人的,国际的或国内的,商业的或非营利的,并不存在一种适合于所有国家的模式。无论如何,科学支持系统是必不可少的,尽管其功能发挥和提供服务的方式可以多种多样。例如,很多功能可以通过购买、共享或临时进口实现,而不需要在当地重新创建。因此,要解决上述这些问题,关键在于弄清楚谁来资助、谁将受益。这将在最后一章讨论。

第三部分

网络开发：
提升科技发展的效能

"科学的发展就像胚胎发育的过程。当前，整个科学系统正处在网络化的萌芽期。我倾向这样的观点：尽管科学活动的组织结构看起来仍然是落后、陈旧、不稳定的，但这只是网络化的前奏，并且，科学活动终将会被连接到整个社会网络中。"

——刘易斯·托马斯，《论科学的不确定性》，1980 年

第六章
新型无形学院的治理

> "在最近的所有趋势中……经济国家主义的壮大是
> 科学应用增进人类福祉的最大危害。"
>
> ——约翰·贝尔纳(J. D. Bernal),《科学的社会功能》[1]

科学国家主义主导了 20 世纪科学的运行和治理,它限制了那些最有效和最具创造性地推动科学传播的新兴组织。在 20 世纪,科学沦落为国家之间权力斗争的工具,特别在冷战时期,科研合作更加低效,这严重阻碍了人们运用科学来增进人类福祉。直到 20 世纪 90 年代初期,随着冷战后期的广泛政治变革和信息革命的交织融合,这种情况才开始改变。

事实上,在 1990 年,随着苏联科学家和工程师重新开启

[1] J. D. Bernal, The Social Function of Science (London: G. Routledge & Sons, 1939), p. 149.

与全球科学界的全面交流,无形学院也翻开了历史上的新篇章。[①] 在德国,马尔堡大学病毒学研究所所长汉斯·迪特·克伦克(Hans-Dieter Klenk)亲身经历了这一转变。在 1990 年柏林举行的国际病毒学大会上,克伦克见到了来自俄罗斯维克托(VECTOR)国家病毒学和生物技术研究中心(维克托研究所)的研究员切普尔诺夫(A. A. Chepurnov)和他的同事。这是俄罗斯人第一次参加这个会议。"我们很想听听他们正在开展的工作,"克伦克回忆道,"当我遇到他们并了解到他们的工作时,我们都意识到互相帮助的机会来了。"[②]

切普尔诺夫告诉克伦克,俄罗斯研究人员早在 19 世纪 80 年代就开始对出血热病毒进行调查,但因为缺乏对病毒基因组测序所需的设备,他的实验室被迫放弃了这项工作。当两人见面时,切普尔诺夫意识到,通过与克伦克和马尔堡其他人的合作,他有机会继续推进几年前放弃的那项颇有前景的研究。马尔堡病毒学研究所因分离并鉴定了一种病毒的遗传结构而闻名于世,这种病毒引发的出血热症状与埃博拉出血热很相似。1967 年发现这种病毒时,这个德国实验室把它命名为马尔堡病毒。切普尔诺夫非常希望与克伦克及马尔堡的团队合作,以此进一步推进他的研究。相应地,克伦克也有兴趣获得切普尔诺夫的动物实验数据。因此,两位科学家共同启

---

① 随着东欧科学家的加入,我们有可能看到一个单一的世界科学体系,如第四章所述。
② 作者的电话访谈,2003 年 4 月 3 日。

动了一项研究项目，旨在确认引起致命性出血热的病毒的遗传变异特征。通过合作，他们在新型无形学院中创建了一个连接。

在与俄罗斯团队共同完成基因研究的一年中，克伦克和他研究小组的同事向世界知识产权组织提交了一份申请，为出血性休克诱发炎症的治疗血清申请专利。通过将基础研究应用于特定的健康问题，这个合作者网络成功开发了一种产品，帮助治疗正在地球另一边的非洲加蓬肆虐的奇怪、罕见且特别致命的疾病。

就像克伦克、切普尔诺夫和本书讲述的其他科学家那样，新型无形学院的实验主义者*之间的合作是当今科学界的常态，而不是例外。他们自发组织成团队、共享资源，并合作解决科学问题。在合作项目实现其目标后，项目团队就会随之解散。这些合作方式与地点无关，需要时，研究可以在任何地方进行，机动而灵活。同时，这些团队也不受学科或部门的限制，他们根据需要可以进入不同的研究领域（比如在克伦克的案例中，研究人员跨越了基因组学、病毒学、流行病学和医学），且在遇到有吸引力的机会时与私营部门的合作者一起工作。他们的工作是非线性和复杂的，在一系列关于病毒对人类的影响及其治疗的基本问题驱动下，可以从基础研究到市场应用，再返回到基础研究。

＊ 译者注：无形学院的第一批成员都是实验主义者，因此这里作者用实验主义者指代无形学院的成员。

　　无形学院是科学组织的主导形式，本章总结了可以从无形学院兴起中吸取的关于科学治理的经验与教训。新型无形学院引发的治理挑战和机遇，与科学国家主义时代政策制定者面临的挑战与机遇大不相同。由于新兴的科学系统不再是国家范畴，基于国家模式的政策不会产生预期结果，但大多数政策制定者仍然坚持政策是国家立场。

　　对那些最近取得成功的科学实践案例开展研究，是很有吸引力的，就如一些经济学家识别出了以美国和欧洲为代表的国家创新体系模式①，以及以韩国为代表的亚洲四小龙模式②，并假设对今天的发展中国家仍有借鉴意义③。但是，科学国家主义及其相关的"国家创新体系"概念，虽然在 20 世纪具有重要意义，但其与当今社会的相关性正在减弱，对发展中国家的科学能力建设也不会有多大帮助。相反，当代政策制定者必须在"国家系统"模型之外构建一套新的战略，以便更好地利用地方、区域和全球层面的自组织科学网络。即便国家为了掌控知识管理系统仍在持续地发布政策，情况也仍然如此。

---

① B. Å. Lundvall, *National Innovation Systems: Towards a Theory of Innovation and Interactive Learning* (London: Pinter, 1992).

② R. R. Nelson and H. Pack, *The Asian Miracle and Modern Growth Theory* (Washington, D. C.: World Bank, 1997).

③ F. Teng-Zeng and J. Mouton. *Innovation Systems within the Context of Socioeconomic Development and Transformation in Africa* (Stellenbosch, South Africa: Stellenbosch University Centre for Research on Science & Technology, January 2006).

　　知识生产和传播的网络,既在民族国家内部运行,也会超越民族国家运行。在 21 世纪初,国际科学网络规模的快速增长,推动科学结构发生了根本性的转变,即从一些较小的、以国家为基础的科学家团体,转向一个与世界上的每个国家相互联系的全球性网络,同时,在网络中也包括了许多较小的集群。正是这种转变,使科学的影响范围拓展到全球层面。正如本书所展示的,网络很容易传播和扩展知识,它们是 21 世纪科学的支柱。任何为了把知识限制在政治边界之内而控制知识流动的尝试,都会极大地制约科学造福于人类。

　　新型无形学院的网络建构过程,即使不是显而易见的,也遵循着明确的规则,即它们都是自下而上,而不是自上而下形成的。随着网络的发展和演化,组织结构变得越来越复杂,这种变化的驱动力包括优先依附和累积优势、社会资本创新,以及引导科学家共享数据和交换信息的激励系统。最终,复杂性将使这些网络难以管理,只能被引导和影响。这与约翰伊夫林爵士在《林木志》(见第三章)中描述的有机系统有更多的共同点,而不同于牛顿能够计算的发条时钟 * 那样。为了完善对这些复杂系统的治理,政策制定者必须了解网络的动态、完善激励措施,进而引导科学家遵从自己的内心做出决策。

---

* 译者注:在科学史上,曾用"发条宇宙"(Clockwork Universe)的说法将宇宙比作机械钟,即宇宙作为一台完美运转的机器,其齿轮受物理定律控制,机器的各个方面都可预测,根据初始条件,就可以准确地确定这台机器以往和未来某一时刻的运动状态。这一观点在牛顿的时代非常受欢迎,因为他提出的牛顿运动定律,证明物理运动和宇宙天体的运动可以被预测。

因此,21世纪初科学政策制定和实施中的关键问题是:如何统筹科学网络在多个层面的运行,如何增加当地科研人员参与科学网络的机会,以及如何推进科学投资和资源分配决策的民主化。从这个新的角度来看,治理可能面临两种截然不同的境况。一方面,对那些正在寻求制定科学规划的后发国家而言,其正面临前所未有的充分利用新兴系统的难得机遇;另一方面,对那些科学发达国家而言,其必须对现有的国家科技政策进行重大改革。总之,我们需要建立一种新的、将科学视为全球公共物品的治理模式。这种新的治理模式,对政策制定者摆脱惯性,实现"本地思维,全球行动"提出了挑战。

作为全球公共物的科学

克伦克和他的出血热研究项目团队,清楚地展示了新型无形学院是如何运作的。首先,自然现象的奥秘引人入胜,吸引了顶尖科学家的关注。其次,研究活动一旦被明确下来,就会被分配给那些最有可能有效开展这些活动的人,而不会考虑他们身处何处;再次,伴随着团队知识生产的过程,研究人员会对数据和信息进行整合;最后,在合作者们的共同努力下,新的知识也就诞生了。由此可见,通过研究人员面对面的头脑风暴,研究项目更容易被启动。出血热研究项目中的这种合作模式是有路径依赖的,它是建立在研究团队在马尔堡前期工作的基础上,并受到俄罗斯和德国专业设备的"吸引"。团队研究中所产出的知识,是马尔堡的团队成员以及远在非洲加蓬的合作者的共同财产。在非洲,知识是用来预知和解决实际问题的工具。

马尔堡案例不仅展示了新兴合作模式的运作过程,也展示了研究人员通过设备、数据共享生产知识的过程。上述过程体现出的新型无形学院的社会规范,是知识创新网络组织的必然要求,也是促进知识网络繁荣的先决条件。因此,如何使科学治理符合这些原则和规范,是政策制定者面临的挑战。

与许多其他类型的科学研究活动一样,克伦克及其团队进行的病毒学研究是在政府公共资金资助下进行的。实际上,政府资助是 20 世纪基础科学研究经费的主要来源。[①] 显然,政府投资科学研究背后的原因,在于科学知识被视为一种公共产品。[②] 用经济学家的话来说,知识是"非竞争性的"和"非排他性的"。通俗来讲,一个人对该物品的消费不会减少其他人对该物品的消费,如果一种物品不能排斥任何一个人

---

① 私人企业也会资助一些基础研究。根据国家科学委员会的数据,大学和学院历来是美国基础研究的最大执行者,近年来,它们占到了全国基础研究的一半以上(2004 年为 55%)。大多数基础研究是由联邦资助的。然而,美国的长期趋势是减少政府在研究与发展(R&D)方面的支出比例,增加私人支出的比例,即使双方都增加了总体支出(National Science Board, *Science and Engineering Indicators 2004* [Arlington, Va.: National Science Foundation, 2004])。

② Paul A. David, David Mowery, and W. Edward Steinmueller, "Analyzing the Economic Payoffs from Basic Research," *Economics of Innovation and New Technology* 2, no.1(1992):73 - 90.

对他进行使用,那么它基本上对所有人都是可用的。换言之,个人对物品的使用,不可能与群体中其他人对该物品的使用存在矛盾和冲突。因此,由于私人部门在公共产品上投资不足,政府提供公共产品就成为一种普遍现象。不仅基础科学研究如此,对教育、执法、清洁的环境等的投资也是如此。①

然而,与执法、交通基础设施等其他具有很强的本土应用特性的公共产品不同,科学不一定有利于它的生产地,也不一定有助于为它买单的人。也就是说,科学知识在一个地点产出以后,受益者可能是另外一个地点的人们,甚至是在未来才能显效。② 例如,埃博拉病毒和马尔堡病毒的暴发地是非洲的苏丹、扎伊尔、加蓬和两个刚果(刚果共和国和刚果民主共和国),但对此类病毒的研究是在德国马尔堡进行。研究成果很可能会用于帮助千里之外的人们,而为这项研究买单的欧洲纳税人却几乎不可能直接从研究成果中受益。尽管如此,克伦克和切普尔诺夫还是继续着他们的研究,因为在他们看来,病毒的暴发是一个有意思的科学研究问题。

科学研究可以在地方、区域或全球层面进行,具体取决于研究涉及的规模和范围。科研成果可以惠及超越单一政

---

① 正如这些例子所表明的,找出一个纯粹的公共产品可能是困难的。大多数公共产品在实践中都显示出某种程度的竞争性或排他性。

② I. Kaul, I. Grunberg, and M. Stern, *Global Public Goods: International Cooperation in the 21st Century* (Oxford University Press, 1999).

治体系的许多人,这也就是为什么科学和技术对慈善家来说是极具吸引力的投资。有的时候,私人部门也会从科研成果中牟利,比如当研究人员发明了新药时,制药公司就可以从新药的生产和推广中获利。因此,支持研究和获得其收益之间的联系可能微乎其微。尽管如此,因为社会回报率(社会收益超过成本)似乎相当可观,政府仍然会继续资助科学研究。①

创造和吸收知识

如果科学是一种全球公共产品,如果科学家能组织起最有效的科学网络,如果知识通过网络传播,那么科学政策就应该支持和鼓励网络的构建。以此类推,因为科学网络的所有部分都相互作用、相互依存,显然没有任何一个国家能够独自拥有完整的科学体系。为了创造知识,不同国家的科学家必须找到能够识别彼此研究领域和建立联系的方法。因此,在全球范围内创建最开放和流动的学术交流系统,应该成为科学政策的主要目标。

此外,如果信息可以产生于不同地点,并能够由任何地点

---

① Social rates of return are difficult to measure. But see E. Mansfield, "Social and Private Rates of Return from Industrial Innovation," *Quarterly Journal of Economics* 91(1977): 221 - 40, 以及 S. W. Popper, *Economic Approaches to Measuring the Performance and Benefits of Fundamental Science* (Santa Monica, Calif.: RAND Corporation, 1995).

的专家进行汇集、整合并加工成为知识，那么，能够掌握在当地整合和吸收知识的过程，就成为科学致用于现实的关键。显然，没有任何一个地方，能够独立提供、独自占有这一过程所需的所有机构、服务和能力。因此，资源共享对于一个成功的科学系统而言至关重要。这一结论也证明了一个开放的系统能够最大程度地实现有效的资源共享。

鉴于所有这些相互联系的要素，21世纪的政策愿景，应该是建设一个开放、交互和进化的知识体系。为了达成这一目标，需要遵循两个关键原则，一个是对科学研究的开放资助，另一个是对资源和成果的开放获取。要实现这两个关键原则，既需要制定激励措施，利用"优先依附"规则形成最有效的研究人员组织，也需要把来自世界各地的知识聚焦在当地最亟待解决的问题，还需要将科学成果应用于当地最亟待解决的问题。总之，就是要确保科学研究的资源和成果能够从当地获得，在当地反馈，使当地受益。

如果要将最好的知识用于解决问题或帮助政府完成任务，那么就应该在不考虑团队成员国家归属的情况下，资助那些质量最高并最有实践应用价值的研究。任何为科学研究提供资金的团体，都应把最好的研究团队作为资助的首选对象，并给予相应的激励，以确保研究成果可以解决地方或国家层面的问题。唯有如此，才能避免科学研究受到政治因素的干扰，从而确保科学资金的使用效益。

政府可以把非政治性的委员会纳入开放系统，通过委员会与现有学术组织和机构之间的协调配合，共同为科学研究提供资助，并为其在地方、区域和全球层面的应用规划蓝图。同时，所有资金的获取都是开放的，任何团体或组织都可以申请争取资助。此外，还应提供一个数据查询系统，以帮助研究人员找到开展研究的合适伙伴。

为了提高科学决策的民众参与度，应更有效地聚焦那些当地最关注的议题、难题和机遇，提高科学与公共需求的相关性。欧洲的"前瞻会议"（Foresigt）和"未来会议"（Futura）是民众参与科学决策的典型模式，其他地方也可以借鉴。此外，在乌干达等一些发展中国家，已经建立了征集民众对科学政策的意见的渠道。茱蒂·瓦昆古（Judi Wakhungu）指出，乌干达国家科学技术委员会（UNCST）的官员，让地区一级负责社区发展的官员和国家研究所的代表一起参与科学政策的制定过程，以确保所有利益相关者的诉求得到充分考虑：

> 他们不仅在生物技术领域做到了这一点，而且在水、渔业、野生动物保护等其他领域也做到了这一点。乌干达甚至进一步提出，要有效加工、传达有关生物技术的信息，从而使公民能够真正地参与其中。事实上，许多信息已经被翻译成当地语言。我认为，乌干达是到目前为止唯一做到这一点的非洲国家。[1]

――――――――――――――

[1] Judi Wakhungu, "Public Participation in Science and Technology Policymaking: Experiences from Africa," 2004 (practicalaction. org/?id＝publicgood_wakhungu).

虽然开放模式体现了科学结构的内在要求,也是广泛、公平地传播科学成果的最有效方式,但这种模式在目前还没有被采用。从现行的国家管控体制过渡到开放的无国界管控体制,将不是一件容易的事情。换言之,政治改革进程往往会滞后于知识网络增长的步伐。不过,只要公共财政用于资助科学的发展,公共需求在许多情况下总是可以对科学议程产生适当的影响,即使这种影响不是决定性的。因此,如何平衡尊重、适应科学范式变革新趋势和实现国家目标之间的张力,是政策制定者面临的挑战。

新的治理方略

按照"开放资助"和"开放获取"的原则,在 21 世纪,我们可以构想出一个新的科学治理框架。新框架系统的核心,是通过科学发展与国家利益的"解耦",凸显科学研究的合作属性、价值属性和开放属性。换言之,就是要使科学研究立足科学自身发展的需要,而不是基于资助者的利益。相比较而言,旧系统是以国家利益为本,新系统则面向从地方到全球的整体层面;旧系统侧重按照官僚体系进行组织,新系统则侧重提高知识创造的效能的需要;旧系统强调为了建立竞争优势而进行战略性投资,新系统则强调为了促进知识整合要鼓励科学合作;旧系统专注知识的生产,新系统专注于知识的汲取与应用;旧系统的衡量标准是"投入",而新系统的衡量标准是以提升社会福利为代表的"产出";旧系统旨在维护国家利益,新系统则致力于推动国与国之间的开放和知识流动。

　　为了实现新旧系统的转换,政策制定者需要采取一种"双重战略",既需要投资上的"沉淀"战略,也需要沟通上的"对接"战略。这些战略的具体梗概和实施范围可能因国家而异,具体要取决于各国的科学技术的发展水平和基础设施建设的条件。表6-1列出了这些战略的一部分要素以及它们可能发挥的作用。

表6-1　对接和沉淀策略中的策略步骤

要素	对接策略	沉淀策略
评估本地、地区和国家的能力、机会和问题,从急迫的/本地问题开始,到长期/全球问题(见表6-2)	对于那些目前能力落后、但仍然具有被观测和知识应用价值的科学领域来说,可以在最有吸收、传播知识潜力的大学中创建一个"对接点"(linking post)	对于能够为本地、区域和国家提供所需能力的科学领域,评估其他地方投资的地理配置模式。对基础设施的长期需求进行评估和定价
检索全球现有的知识库以获取有用的信息和个人合作者,评估可用知识的背景,并阐明其与已知信息关联的"未知因素",因为这与特定的问题和机遇相关联	收集创建有关世界各地知识中枢和能力的报告。检索领域知识,寻找与不同知识中枢合作的机会。确定研究方向:找出可以获得丰硕成果的方向进行投资	对于与特定问题或困难相关的未知因素,如果需要当地能力的协助,则拟定合作战略,从而将未知因素连接到其他进行过类似或互补研究的知识中枢

要素	对接策略	沉淀策略
确定投资的规模与范围，使现有的知识能够在当地以可持续的方式被获取与应用	从与其他研究中心的互动中汲取有关当地投资的规模和时间跨度的经验教训。如有必要，发展能够持续地沟通或参与的联合体，以帮助当地能力的发展。可以考虑选择远程培训的培养模式	确定那些对解决本地或区域长期困难至关重要的领域，制定一项囊括基础设施、培训和薪酬在内的投资战略
确定所需的投资规模和范围，以弥合"疑点"与地方性需求之间的差距	在仅使用连接策略的领域，需要利用互联网提醒参与研究的人员注意新的变化；并且，参与研究的人员需要参加专题讨论会或其他学术会议进行合作	对于那些将要进行投资的领域，可以重点关注能够利用当地或区域反馈和经验的前沿研究。并且将这些反馈中收获的知识纳入连接策略中
识别潜在的伙伴关系和合作对象，来进行下一步投资或以其他方式获取有用的知识	对于实施连接策略的领域，科研需要开展一系列合作模式，这些模式包括定期的共享研究项目信息、研讨会或学术会议等	进行投资时需要制定具体计划，使合作研究的效率和互补性得到提升，与此同时需要加强资源共享和学生培养
完善经济核算和能力建设计划，从而"沉淀"当地投资，并将当地的资金与能够提供帮助的区域性和全球性能力资源进行"对接"	确保本地具备吸收知识的能力，并具有在必要的时候奠定扩张研究规模的基础。本地和区域能力或许在研究规模上有所不同，但在对接策略的实施中仍需要训练有素的人员和宽带通信工具	以适应前沿研究需求量为前提，沉淀本地或区域的投资；并保证能持续地投资。同时，保持与当地商业或其他学术中心的联系很关键

　　无论一个地区的初始科学能力水平如何，沉淀战略都应建立在一定规模（建立当地能力的初始成本）和一定范围（持

续发展所需的长期投资）基础上，才能使知识得到充分发展，并被本地有效吸收应用。要提高知识在本地的吸收应用，可能无需对研发能力进行直接投资，在某些情况下，可以采用"对接"战略来实现。并且，有关"沉淀"的战略决策可能需要跨部门的联系，例如私人部门和公共研究小组的合作。我们可通过多种方式来判断以上提及的促进知识被本地吸收的因素，如对其他地区同类投资的规模与范围进行评估等。总之，投资战略的制定不应考虑地理边界，而应考虑是否可以从当地、区域和全球联系中获得投资，一个可行的投资策略，既要考虑到实体的投资，也要考虑到教育的需求和交流的需要。

对接战略的核心，是根据科学研究、知识获取、知识传播的需要，建立一个适当规模的网络。对于政策制定者来说，使用网络模型有助于摆脱对传统上基于国家系统的政治边界的路径依赖。同时，规划制定者可以依靠网络模型构建科研团队，以及获得在本地无法获得的信息。在本地信息匮乏的条件下，解决地区问题所需的大部分知识，既可以通过通信技术提供的联络来获得，也可以通过小额投资的合作来获得。将科学或工程纳入网络框架，还有利于对行动议程展开更广泛的讨论。例如，在某些情况下，把科学基础设施的部分功能（例如标准定型）"外包"给有资质的供应商。

如表 6-1 所示，要使沉淀战略和对接战略在科学治理中起到关键作用，定期审查和评估是有必要的。在沉淀战略中，对当地的能力进行评估是决定科学投资及其分配的前提。能力评估需要在一定范围内综合考量当地所面临的机遇和困境,一般从紧急的(需要立即采取行动的)当地问题开始,然后转向尖锐的全球性问题,最后再确认哪些是本地所面临的问题和长期的全球性问题。如第五章所述,开展当地能力评估可以从实验室空间、出版物、受过培训的人员等一系列指标的评估开始。并且,这些指标的评估应该与科学或工程的应用问题相结合。显然,并非所有问题或挑战都能找到合适的技术解决方案,但在环境、农业、卫生和基础工业等领域,科学资源或工程技能还是可以得到广泛应用。

除了评估当地能力以外,政策制定者还应该根据挑战的紧急程度(亟待解决的问题还是长期问题)和影响范围(地方性问题还是全球性问题),将挑战进行分类(见表6-2)。对于那些严峻的挑战和问题,应该由能够及时应援的科学或工程团队提供解决方案或补救措施,而不要受到这些科学或工程团队所处国家和地区的限制。例如,让一个科学落后的国家独自应对出血热的暴发是几乎不可能的。事实上,应对类似于出血热这样的紧急问题,已经成为世界卫生组织(World Health Organization,WHO)等非政府组织的重要职责。因此,有必要建立专门应对这些紧急问题的正式的全球科学团队,以便可以根据需要及时部署到贫穷国家。当然,对许多贫穷国家来说,如果具备了更强大的科学或工程能力,问题就可以依靠本国力量解决。

表 6-2　挑战的类型

挑战类型		
影响规模	应急的	长期的
当地的	单次水污染事件	土壤条件差
全球的	病毒流行	能源可用性

　　对于长期存在的问题或挑战需要做出进一步的分析，并制定专门的战略规划。本地或区域挑战应该是评估的首要目标之一，特别是像提供清洁水、改善孕产妇健康、治理当地污染、改善土壤条件、提高水产养殖产量等事关联合国千年发展目标的问题，都应该被纳入分析和规划的议程。[①] 如果当前程序无法解决这些问题，它们至少应该被纳入初步计划中的一部分。总之，每一个领域中，关键科学或技术都可以进行不同层次的识别、排列和定位。

　　科学规划过程的第二步，应该是检索全球现有知识库，寻找有用的信息、知识中心和研究人员，这些资讯可以用来创建重要领域的科学地图。政策制定者应仔细考察所需知识的生产环境和条件，以了解哪些生产环境或条件是可以从其他的地方借用，又有哪些是必须在当地构建。换句话说，政策制定者

---

① 完整的目标清单和更多项目的信息见：un. org/millennium goals/and the associated report by the U. N. Millennium Development Task Force on Science, Technology, and Innovation, which can be found at (www. unmillenniumproject. org/documents/tf10apr18. pdf).

应该明确研究有多少可用数据(例如大型在线数据库),或是否拥有能够远程访问的专用设备,这些专用设备的位置是绘制科学地图不可或缺的一部分。此外,在检索过程中还需要编制一份主要研究人员和卓越科学中心的名单,以确定在每个领域内可以连接到的高吸引力人员、地点和设备。这样做的目的,是为了当地科学家在需要的时候,可以方便找到可供利用的其他地方存在的设备或能力。此外,还需要制定一份与特定问题和机遇相对应的关键疑点列表,以及一份研究人员应该解决的重要的问题清单,这些都是科学地图应有的内容。

然后,科学政策的制定者应该核定所需的投资规模和范围,推进现有知识能够在当地以可持续的方式获得和应用。具体而言,在问题满足以下四个条件的情况下,就应该制定有针对性的策略:①它们可以由科学研究解决;②它们是长期的或反复出现的;③它们对于解决本地或区域的挑战具有关键意义;④它们可以支持本地的研究能力升级。战略方案里不仅应包括对当地基础设施和机构的投资,还应包括在合作项目中与现有研究相关联的计划。在许多情况下,研究的规模和时间跨度并不适合由一个国家单独出资。为了达到足够的规模,可能需要一个区域或国际联盟合作,进行联合投资。

作为这一有针对性战略的一部分,重要的是如何确定所需投资的规模和时间跨度,才能缩小未知领域与当地及区域需求之间差距。换句话说,科学政策的制定者需要确定投资的合理规模和范围,来推进与当地息息相关的、前沿的、探索性研究。这是因为,在许多情况下,与当地问题和挑战相关的探索性研究,难以由世界其他地方的研究人员完成。例如,水产养殖疾病或区域性植物枯萎病的解决方案,都可能是高度本地化的。当然,如果优先研究计划可以使这些科学问题对外部研究人员产生吸引力,就极有可能吸引全球合作者和资金来解决当地问题,从而提高研究生产力或带来额外的网络资源。

上述这些对现有能力、挑战和全球资源的评估定位,应纳入一项包括制定财务和能力建设计划在内的长期战略,一方面要将投资沉淀到当地,另一方面要将其与那些能够提供帮助的区域和全球能力建立联系。这些能力建设的长期战略计划包括培训科学家、进行资本投资,以及与捐助者及其他相关问题的资助者建立联系进而开展有针对性的合作。

科学发展中国家的政策制定

科学超越国家的愿景,是本地、国家和地区当局都有开展解决实际问题活动所需的研究的能力。然而,这种能力并不是只有在当地才能发挥作用。在未来,任何国家都无法像美国、西欧国家、苏联在科学国家主义时代那样全面投入科学。随着科学前沿的不断扩展,所有科学都将走向资源共享和成果共享。较贫穷国家在解决问题的同时,也会培养其科学能力,这些能力又能反过来提供给科学发达的国家。

幸运的是，对发展中国家的政府来说，捐资人和研发人员不必再为科技投资是否值得争论不休，因为这已成为公认的事实。捐助机构、发达国家政府和非政府组织最近的报告都强调了科学技术对发展的重要性，世界银行于21世纪初设立了科技促进发展办公室，联合国也将科学作为发展的优先事项。

尽管国家对全球经济的参与在一定程度上取决于国家对科学的投资，但科学投资的结构也应该反映科学本身的结构。在科学方面，发展中国家既不需要也不应该模仿科学发达国家的组织模式和基础设施。反之，在跨国团队的合作中，发展中国家可以构建符合自身情况的组织模式和基础设施。此外，在基础设施的建设过程中，也可以通过远程访问的方式使用其他国家的大型实验室。标准流程可以外包给现有机构，例如，大型国际科学机构也许可以成为标准服务的代理商。同时，在国外工作的外籍研究人员也可以帮助他们的祖国。

实际上，因为发展中国家还没有建立起20世纪时那样的国家科学体系，他们在完善科学治理方面比发达国家更有优势。这种说法似乎与我们的认知相悖，毕竟大多数发展中国家都希望拥有高度发达的科学能力。不过，正是因为发展中国家没有嵌入20世纪以科学国家主义为标志的官僚体制和机构，他们在追求科学新发展方面具有更大的灵活性。缺乏国家驱动的巨额投资看似会受到限制，但实际上可能是发展中国家建立并开发更灵活网络系统的优势。

科学发展中国家正面临两个关键的问题，一个是在什么水平上进行投资,另一个是如何选择科技投资的重点,具体的解决方案要取决于国家需求和各个科学领域的性质。对于那些具有更多"粘性",对特定资源依赖程度高的科学研究领域,科学治理战略应包括上述的全球知识库检索,以确定可供当地科学家可以连接的不可移动资源。在科学发达国家,由于受遗留的科学国家主义影响,他们向其他国家开放研究设施的动机可能不足。因此,非政府组织可以做出更大的努力,劝说科学发达国家提高对来自科学落后国家研究人员的开放度。

在那些对特定资源依赖"较轻"的领域,地点对研究进展就不那么重要了,发展策略应着重考虑当地、区域和全球因素影响科学投资决策的可能性。例如,在数学领域,科学能力的建设需要一些本地能力来吸收全球知识并"将其捆绑"*,但对这种能力的投资规模和范围不必很大。事实上,越南仅通过很少的前期投资就建立了这样的数学能力,其中一部分原因在于他们将现有资源和人员联系在一起。

关于基础设施投资的决策,可以在国家范围内进行,也可以在地方或区域层面进行,究竟应如何选择取决于研究的规模和时间跨度。比如,高能物理学研究人员在世界范围内只需要几个同步加速器,而农业研究人员需要能够适应当地条件的本土实验室。由此可见,基础设施类型的决策取决于当地的需求和其所在领域的能力。

――――――――――――――――

＊　译者注:即当地具有知识留存的能力。

建立一个全球范围内的科学管理部门，并不是应对这些挑战的理想解决方案，甚至国家范围内的科学管理部门也未必能解决现存挑战。因为网络不需要一项放之四海皆准的总体规划，大量管理科学资助的机构可能会给网络带来过度负担，事实上，这样的规划甚至会抑制网络的发展。为了创建一个强大的网络，从而使科学能力得到更广泛、更公平的分配，必须更好地发挥激励措施、资源、互动空间、开放资助、共享想法和反馈循环等方面的作用。上述这些原则，都应该成为所有投资策略的基础。

关于科学发展的成果，国家仍然拥有主权利益，科学投资收益的核算仍将在国家政策中占据重要位置。但是在某些情况下，国家的历史惯例将使区域性、地域性的合作变得极为困难。同时，糟糕的政府治理或政治腐败将阻碍21世纪合理科学政策的制定。此外，庞大的国家体系可能会使灵活、开放的全球政策体系更难建立，讽刺的是，这点对美国来说可能最为现实。慈善基金会等开明的组织可能需要带头促进科学和技术的更大开放，并与落后国家合作，推进知识在本地应用方面取得进展。

科学发达国家的政策制定

在从旧系统过渡到新型无形学院的系统时，科学发达的国家会面临三个挑战：第一个也是最苛刻的挑战，是视角的转换,即从视国际合作为"外部事务"或"国际关系"转向视全球科学体系为规范的方向;第二个挑战是重新定义国家的角色,使他们不再将自己视为知识的资助者,而是将自己视为创造、共享知识这一复杂系统的参与者,在这个系统中,它们既吸收资源又贡献资源;第三个挑战,是与许多不同的团体合作开发所需的概念和工具,破除科学合作及其自组织的政治障碍。

鉴于发达国家根深蒂固的科学国家主义的投资理念,预计他们在经历这一转变时不会像科学欠发达地区那样灵活。因为现有机构和管理部门存在惯性,要改变这些国家的投资配置是极为困难的,就好像改变航空母舰的航向。然而,发达国家确实可以通过合作与协作获得重要利益。在前面的案例中,合作不仅为沃尔夫冈·威尔克打开了获得独特资源的途径,例如巴西的土壤,而且还可以带来思考问题的新方式,从而增强创造力。

科技发达的国家也需要运用对接战略和沉淀战略,没有一个国家能够在所有前沿科技领域进行投资,无论该国家有多么富强。所有国家都将有越来越多的激励政策来鼓励合作,即使只是为了降低科研成本。如果科学基础设施可以共享,而不是在一个又一个国家重复建设(就像科学国家主义时代的情况一样),所有科学都会变得更有效率。显然,在某些情况下,维持当地科学能力需要研究团队实地访问重要机构和设施。然而在其他情况下,研究团队可以通过全球网络连接到必要的资源。连接策略的选择需要根据每个研究领域和地区的实际情况做出，具体细节取决于与特定研究过程相关的资源、挑战和对特定学习过程的反馈需求。

一些投资已经按照本书中推荐的模式进行，例如与大科学项目相关的投资。这些合作活动由多个国家联合资助，因为成本太高，或者预期收益遥遥无期，任何一个国家都无法单独承担投资。空间研究和聚变研究，是催生这种合作模式的典型代表。此外，在这些相关领域工作的物理学家，一直努力向尽可能广泛的群体分享最前沿的研究成果。按照惯例，物理学家会将数据放在万维网上供所有人使用。此外，还有许多人会在开放的在线论坛上发表他们的成果。①

相比之下，大多数科学发达国家都不愿意制定弥散分布、自下而上的科学战略。正如前面章节所讨论的，和基于设备和资源的合作模式相比，因为互联网降低了与分布式工作相关的交易成本，弥散合作模式能使得科学增长得更快。人类基因组计划是跨地理空间共享合作模式的典型例子，总计有六个国家采用共享任务和数据。② 随着分布式协作的增加，问题变成了如何获取遥远距离的实验室中生产的知识。地理的邻近性在某些科学领域或研究过程中的某个阶段很重要，这将需要政策制定者和研究人员共同努力，使用远程交流来减

---

① 见（arxiv. org/）。

② Caroline S. Wagner and others, *Science and Technology Collaboration: Building Capacity in Developing Countries?* MR‐1357.0‐WB (Santa Monica, Calif.: RAND Corporation, 2001).

少往返旅行的成本。如果关键知识是在遥远的地方生产的，那么获得促进当地知识吸收的经验就成为最主要的挑战。

要构建全球知识共享网络，关键是确定和绘制出世界各地正在进行高水平研究的地图，并帮助科学家获取这些信息。譬如，由日本政府资助的日本科学技术情报中心多年来一直向公众和科学界提供此类信息。其他政府或非政府组织，也应考虑在传播有关科学领域的信息方面发挥类似作用。

此外，为了有效规划未来，政策制定者必须促进公众对科学技术的理解，以及对科学政策进程的参与。如果世界经济继续向高度依赖科学技术的知识型社会发展，公众对科学技术的理解就变得至关重要。此外，公众对决策的参与也至关重要，这不仅仅局限于为技术产品做出基于市场的选择。围绕变革引发的社会紧张局势，可能对变革具有高度的破坏性。公众参与有关科学投资的决策，可能会在一定程度上令紧张的社会局势得到缓解。

归根结底，政策重心转移是新旧治理模式更替的必然要求，决策者们需要关注的不是与其他国家的科学竞争，而是各国之间的科学协作。特别地，政府应该避免让政治动机决定合作的客体或者主体。政府承诺拨出资金与单一国家合作（无论在科学上是否有用），虽然在政治上可能有所裨益，但一定会导致科学上的低效率。因此，应该尽量避免采用双边合作协议的形式来推动科学合作。总之，科学投资需要根据科学和社会目标来进行，而不是政治目标。

引导网络构建

如果要有效参与新型无形学院,无论是发展中国家还是发达国家的政策制定者,都必须学习如何管理和治理新兴网络。如果这些网络无法被有效控制和使用,他们反而可能会被网络引入歧途。回想一下前面的讨论,网络会根据其成员的需求不断发展,推动网络成员持续加入并留在群组内。就科学而言,这些需求和激励通常围绕着普遍意义上被认可的愿望。因此,这正是优先依附的过程,即那些最有可能帮助解决特定问题或达到特定目标的人,塑造了新型无形学院的成长。正如我们所见,网络成员拥有的资源越"丰富",与其他成员的联系也就越紧密,这类明星成员在网络中连接性的增长就越快。换言之,有影响力的枢纽能够巩固其作为高吸引力节点和互动中心的地位。他们在网络中的地位,不仅使他们在未来的学术联系和学术交流中更具有影响力,也使他们在塑造研究过程和成果方面具有更为强大的力量。

以下指导方针源自本书中提供的网络理论。为了提高全球科学的生产力,并鼓励研究人员围绕本地、国家或地区关注的问题进行自我组织,政策制定者应该把握以下几点:

(1)邀请"顶尖"或极具影响力的科学家帮助组织或领导研究,顶尖科学家通常充当科学资源和新生代研究人员的"守门人"。

（2）促进参与者之间的互动，特别是通过座谈会和面对面会议的形式，以及通过资助国际旅行和短期研究的形式。

（3）制定完善的激励机制，引导研究人员聚焦有吸引力的问题开展合作，并根据"市场"反馈适时对激励措施作出调整。

（4）明确研究目标，使之与当地科学研究的外溢潜力相一致。

（5）为分享知识、思想、数据和可编码信息创造条件，可供选择的措施包括网格计算、开设 Web 门户、为重要信息提供检索服务，以及设立专门的像人类前沿科学计划这样的国际合作资助项目。

（6）鼓励团队在实践中自主形成互动的规则，而不是预先由机构和组织确定。预先确定规则可能会对团队有所帮助，但每个团队只有建立起适合自己的协作规则，才能更有效地管理知识产权和发布信息。

（7）在本地、国家、区域和全球层面提供有关科学发展全景的信息，以便当地科学家有机会了解其他地方研究的最新进展。

组织机构在网络时代的作用

网络不会取代组织和机构，但网络确实改变了组织机构的运作方式。正如一些人所指出的那样，在被称为"学科"的"筒仓式"结构中，我们对如何创建出一套有章可循、负责任、合理有效的机构,已经有了相对较好的理解,但我们没有足够的机构或能力来掌控跨国家、跨学科的横向问责。摆在我们面前的问题是,网络是否可以取代我们希望横向机构扮演的角色。世界银行的国际农业研究咨询小组就是这样的例子,其网络运行具有相当大的自主权。总之,网络提供了传统机构无法提供的灵活性和适应性,在需要提高灵活性和适应性的情况下,利用网络结构可能比创建一个新的机构更可取。

资金是影响变革的主要问题。但是,制定合理的解决方案需要时间,我们不可能在一夜之间改变科学与国家公共资金之间的政治联系,也许在任何情况下,我们都不想改变得太快。科学是为大众服务的,科学从业者仍然需要对公众负责。目前,这种服务是通过国家来完成的,并且只是缓慢地向更大的区域推进。公众需要认识到,把科学作为一种可以在本地获取的全球资源,才能使科学服务更好地为大众服务。并且,随着这种意识的增强,将更有利于建立起为当地利益负责的新的治理架构。为此,政策制定者需要找到根据其全球影响力来衡量科学收益的新方法。当条件成熟时,科学开放资助的逻辑将不仅被普遍接受,也会被视为不可避免。

为了推进知识网络的发展,还需要考虑和开发其他类型的筹资模式。开源软件运动(open-source-software movement)就是一个典型的模式,开源软件并没有集中的资金供给,而是由网络中的个体用户提供给另一个体用户。同时,知识产权通过在网络内协商的方式得以解决。这种网络内的知识共享机制，有效提高了知识创新的效率，从而使更多的知识得以在网络内共享，通过良性循环，开源运动产生了巨大的生产力。同样，关于出版科学参考文献的资金问题的讨论，也集中在是否应该从读者付费访问转向作者付费出版。

　　总之，随着这些新模式的出现，国家间的条约和关于科学的高层协议应该逐渐消失。科学不应成为政治交易或徇私的对象，对科学资源的国际竞争只会削弱所有科学领域的发展。相反，世界各地的政策制定者应该联合起来，对解决前沿科学和技术问题负责，共同制定解决这些问题的激励措施。当世界各地的科学家有能力自主应对这些巨大的挑战时，政策制定者就应该放手，让新型无形学院顺其自然地发展。

附录 A
从国家层面衡量科技能力[①]

    国家参与全球知识经济和国际层面合作研究的能力,在很大程度上取决于其科学技术(S&T)方面的能力。[②] 本附录介绍了我们用于衡量国家层面科技能力的分类架构。

    基于本研究的目的,科技能力被定义为吸纳、储备专业知识,并利用专业知识开展研究以满足现实需求和开发高质量产品和流程的能力。科技能力在内涵和科技成果上有很大的

---

① 本项工作是与荷兰海牙拉瑟诺研究所的埃德温·霍林斯(Edwin Horlings)和加州圣塔莫尼卡兰德公司的阿林达姆·杜塔(Arindam Dutta)合作完成的。

② P. A. David and D. Foray, "An Introduction to the Economy of the Knowledge Society," *International Social Science Journal* 171 (March 2002). Also see chapters on the knowledge base by D. Foray and B.-A. Lundvall and by M. Abramowitz and P. A. David in *Employment and Growth in the Knowledge-Based Economy* (Paris: Organization for Economic Cooperation and Development [OECD], 1996). A large body of literature address the question of S&T's contribution to economic growth and knowledge creation. Among these are M. Gibbons and others, *The New Production of Knowledge: The Dynamics of Science and Research in Contemporary Societies* (London: Sage Publications, 1994) and Richard R. Nelson, *The Sources of Economic Growth* (Harvard University Press, 2000).

区别。哪些国家产出了更多的科技成果,是一个值得思考的问题。它可以基于每年发表的科学论文或转让专利的数量等指标对国家进行排名,但许多国家并不参与这种排名。同时,特别对最希望加入国际科技共同体的发展中国家而言,这种排名也几乎无法反映其科技发展潜力,以及参与国际合作、有效利用现有资源的能力。因此,衡量一个国家的科技能力,不能仅通过对其科技成果的考察,而要侧重那些能够体现能力的指标。

在此介绍的科学与技术能力指数-2002(STCI-02),是各国科技基础设施和知识吸收能力相对水平的反映,[①]而不是具体测度一个国家占领了多少科技前沿、生产了多少科技产品。科技能力指数高,并不是代表这个国家的实际科学活动水平高,而只是代表这个国家具备了开展高水平科学活动的条件。因此,像新西兰这样拥有较高科技能力的国家,尽管其科学产出很少,但其科技能力指数仍可能相对较高,只是其经济体系目前还没有充分利用这一潜力。该指数通过考察科技能力背后的支撑条件,对技术实现指数(Technology Achievement Index)、ArCo 指数等关注技术产出的测量工作起到了补充作用。[②]

---

① 这项工作用最新数据更新了兰德公司 2000 年的科技能力指数,并将拥有完整数据的国家数量从 66 个扩大到 76 个。关于 2000 年的指数,见 C. S. Wagner and others, *Science & Technology Cooperation: Building Capacity in Developing Countries*, Monograph 1357-WB (Santa Monica, Calif.: RAND Corporation, 2000).

② United Nations Development Programme (UNDP), *Human Development Report* 2001: *Making Technologies Work for Human Development* (Oxford University Press, 2001), and D. Archibugi and A. Coco, "A New Indicator of Technological Capabilities for Developed and Developing Countries (ArCo)," *World Development* 32, no. 4 (April 2004): 629-54.

　　同样需要指出的是,该指数旨在衡量一个国家与其他国家的相对水平,既不能用来跟踪衡量其能力随时间的动态演变,也不能反映全球科技潜力分布的全貌。我们之所以选择在"国家(country)"或"民族(nation)"层面进行分析,很大程度上因为国际数据的采集和处理通常是以国家为参考。[①] 此外,研究与发展(R&D)资金通常是在国家层面,通过国家相关部门和机构进行分配。但是,政府管辖范围并不是知识本身需要考虑的事情,[②]甚至在一些特殊情况下,"知识边界"也可能涉及国家内部的区域划分,以及跨越国界的国家联合体。例如,北美一些国家内部拥有相当强大的地方性创新体系,欧盟(EU)则致力于在超国家层面上科技系统的整合。[③] 正如本书所述,新兴全球知识系统正在广泛、深刻地改变着国家知识系统的运行模式。

指标选择

　　我们认识到,作为一个理论化概念,科技能力的大小并不

① L. Leydesdorff, "The Knowledge-Based Economy and the Triple Helix Model," chapter 2 in *Reading the Dynamics of a Knowledge Economy*, edited by Wilfred Dolfsma and Luc Soete (Cheltenham: Edward Elgar, 2006):42 - 76.

② Braczyk, H.-J., P. Cooke, and M. Heindenreich, eds., *Regional Innovation Systems*(London: University College Press, 1998).

③ C. S. Wagner and L. Leydesdorff, "Mapping the Global Network of Science: A Comparison of 1990 and 2000," *International Journal of Technology and Globalisation* 1, no.2(2005):185 - 208.

能被直接确定，更不用说精确地测定，但可以依靠一系列的代理变量间接实现科技能力的测量。换言之，我们可以基于各国在知识的吸收、储备、应用、创造等方面影响因素的分析，来选择合适的科技能力指数计量指标，难免会存在一些交叉重叠。

本研究的大部分数据，都来源于联合国开发计划署人类发展报告等公开资料。虽然直接收集的数据内涵更精准、质量更高，但显然需要更大的经费和时间投入，主要国际组织的统计出版物为我们提供了可靠、长周期的数据。

基于这些条件，我们选择了 8 个量化指标：

（1）基于购买力平价（以美元计算）的人均国内生产总值[1]；

（2）高等教育毛入学率[2]；

（3）每百万居民中从事研发的科学家和工程师人数[3]；

（4）每百万居民的研究机构数量[4]；

（5）公共和私人来源的研发资金占国内生产总值的比例[5]；

---

[1] UNDP, *Human Development Report* 2002, *Deepening Democracy in a Fragmented World* (New York: Oxford University Press, 2002), and *CIA World Factbook* 2001 (Washington, D.C.: Central Intelligence Agency, 2001).

[2] UNDP, *Human Development Report* 2002.

[3] 同上。

[4] World Bank, *World Development Indicators 2002* (Washington: World Bank).

[5] UNDP, *Human Development Report* 2002.

(6) 每百万居民的专利数量[1];

(7) 每百万居民的科技期刊文章数量[2];

(8) 每个国家在所有国际合著论文中的加权值。[3]

如第五章所述,这些指标可分为三类。第一类是促成性指标,包括人均 GDP、高等教育毛入学率;第二类是资源性指标,包括科学家和工程师的数量、研究机构的数量和研发支出的数额;第三类是嵌入性指标,包括专利和科技期刊的数量、国际合著论文的加权值。

选择这些指标时,我们必须在覆盖面(分析中包含的国家、地区或其他单位的数量)和全面性(指标的数量和种类)之间取得平衡。显然,由于没有任何指标可以涵盖与主题相关的所有维度,因此应该明确指标的侧重点,即选择该指标的目的,以及它能够衡量和不能够衡量的内容。覆盖面与全面性密切相关,数据越详细、越全面,可以纳入的国家、地区或社会群体就越少。在许多发展中国家尤其如此,因为这些国家能够收集到的数据较少,统计信息的可信度往往较低。[4] 但是,

---

[1] See www.uspto.gov.

[2] National Science Board, *Science and Engineering Indicators 2000* (Arlington, Va.: National Science Foundation, 2004).

[3] 这个国际合作份额的衡量标准是专门为这项工作创建的,使用的数据来自科学信息研究所的科学引文索引 CD-ROM 2000 中的数据,并根据一个国家的人口规模进行标准化处理。它衡量的是国家研究人员在科技领域达到世界级水平的程度。

[4] 这种统计数据的数量和可靠性不能(必然)归咎于国家统计机构。发展中经济体的固有特性是许多经济活动发生在统计范围之外(例如,为个人、地方或区域消费的生产和实物支付)。

任何涉及一系列变量的广泛国际比较,都不可避免地会存在数据有效性的问题。因此,尽管我们在构建指标时力求能够覆盖尽可能多的国家,但要囊括全世界所有国家显然是不现实的。

为了平衡指标的覆盖面和全面性,有三种方案可供选择:①使用更少的变量;②减少国家的样本量;③优化统计方法从而使整个国家样本和整个变量集得以保留。

考虑到变量减少所造成的牺牲要明显超过扩大覆盖面所带来的好处,我们选择了第二种方案。显然,这种选择可能会使我们的分析更加聚焦那些科技发达国家。但是,随着覆盖面的下降,具体指标出现数据缺失的可能性也会减少。表 A-1 中的数据覆盖率也证实了这一点。

具体来讲,我们首先根据国际统计出版物列出了 215 个国家和地区,然后排除了 32 个数据极其稀少的附属国和小国,如安道尔和圣马力诺,以及图瓦卢、汤加和其他太平洋岛国,剩下 183 个国家。然后,我们排除了那些缺失上述 8 个指标中一个或多个数据的国家,如表 A-1 所示。剩下的数据完整的 76 个国家,其人口规模超过了世界总人口的 80%。

同时,我们通过构建样本国家以及世界上全部 215 个国家和附属国收入分布的洛伦兹曲线,避免了样本不全可能导致的计算结果偏差。分析结果表明,尽管所选择样本国家的人均 GDP 较高,但其分布和全样本几乎一致。当然,结果确实

表 A-1　科技能力指数中统计国家数据覆盖范围汇总ᵃ

项目	全球数据调查包括的指标数量							
	全部8个指标	7个	6个	5个	4个	3个	2个	1个或0个可获指标
国家数量	76	19	25	22	4	5	31	1
人均国内生产总值(以US2000)	8329	5094	1763	3006	13236	1748	3386	n.a.
占世界人口的比例	82.4	3.3	8.7	3.7	0.5	0.5	0.9	0
占世界 GDP 的比例	92.7	2.2	2.1	1.5	0.9	0.1	0.4	0.1

n.a.= 缺省项，未求得。

a. 只有拥有全部 8 项指标数据的国家被纳入该指数；这些国家以粗体列表示。基准年为 2000 年。

会产生轻微的偏差,但这并不影响该指数的有效性和代表性。

指标构建

变量确定后,我们首先将每个变量转换为通用格式,并检验其一致性和相关性,然后选择理论上合适的加权方案,将所有变量合并为一个指标。下面将描述数据分析的具体过程,以便使其他研究人员可以复制我们的计算方法,并能够使用新的数据根据需要添加或删减变量,对指标作出修正。

通用格式转换

为了便于使用,指标必须具有可比性,例如,金融统计数据应使用相同的货币单位(如美元)。对那些以不同计量方式(原始数字、百分比、比率等)表示的数据,必须转换为通用格式。例如,联合国开发计划署在计算人类发展指数之前,[①]先将人均国内生产总值、预期寿命和教育等变量的实际值转换为 0 到 1 之间的相对值,这种方法减少了变量异常值和偏分布的影响。同时,为了尽可能保留数据背后的信息,我们对变量数据的转换,采用了计算该数据与国际平均值的距离的方法,把距离表示为每个变量标准差的百分比。按照这种方法,如果在数据集中添加一个国家的样本数据,所有其他国家的得

———————————

① 有关联合国开发计划署如何计算人类发展指数的技术说明,请参见 http://hdr. undp. org/en/media/hdr_20072008_tech_note_1. pdf。

分也会相应改变。换句话说,一个国家在指标体系中所处的位置,与所有其他国家的表现密切相关。

一致性与相关性检验

为了保持指数内部指标的一致性,每个指标必须对复合指数具有相同类型的影响。例如,如果一个指标的取值范围是从 -1 到 $+1$,而另一个指标的取值范围是从 0 到 $+1$,那么就造成了指数内部不一致,后一个指标永远不会对指数值产生负面影响(在我们的案例中,原始值都是正的,经过转换后,它们的取值范围是从 -2 到 $+6$)。此外,这种不一致也会出现在指标内部,当指标的变量值下降时,反而会对指标产生正向的影响。最后,不同的成分变量之间既可能是可替代的关系,也可能是互补的关系。如果两个指标的联系非常紧密,我们实际上可能是在重复计算(R 接近 1),或只是从相反的方向来计算(R 接近 -1),导致两个指标的计算结果相互抵消。

我们可以运用三项检验确定指数内部指标的一致性。第一项检验,是通过对指标数据在均值附近分布的分析,判断指数对该变量变化的敏感程度。因为每个成分变量数据在均值附近的分布可能不同,了解这些分布差异将如何影响综合指数就显得十分重要。表 A-2 给出了有关这些指标的汇总信息。偏度测量表明,样本中的促成性指标(人均 GDP 和高等教育毛入学率)大致呈正态分布,但异常值特别是上限极端值,对资源性和嵌入性指标有更显著影响,尤其是研究机构数量、合著论文的加权值和专利的数量。

表 A-2　各项指标的描述统计

促成因素	平均值	中位数	标准差	偏度（偏态系数）	最小值	最大值
高等教育毛入学率	9.66	9.75	6.38	0.721	0.2	27.4
人均国内生产总值	13 193	9 409	9 648	0.47	896	34 142
每百万居民工程师数	1 333	1 170	1 258	0.871	2	4 960
基于国内生产总值每百万居民机构数	7.57	2.53	13.8	4.17	0.21	91.75
合著指数	437	167	652	2.55	2	3 220
每百万居民专利数	31.16	1.34	56.36	2.215	0	343.61
科技期刊文章数	218.18	92.7	273.19	1.269	0.55	954.92

　　第二项检验，是通过计算成分变量之间的相关性，判断不同指标的替代性和互补性。表 A-3 显示，所有指标均呈正相关，没有任何两个指标会相互抵消，这意味着所选指标是互补的。此外，大多数的相关系数在 1% 的置信水平上都是显著的，但国内生产总值、科学家和工程师人数、研发支出规模、文章数量和专利数量之间的相关性最强。这表明，有些影响可能会被重复测量两次（例如，文章中提出的专利创新，用于科学家和工程师的研发投入或研发支出的增长效应）。

表 A - 3　S&T 科技能力指数的相关矩阵

项目	每百万居民科学家和工程师数	每百万居民研究机构数	用于研发的公共资金数	高等教育毛入学率	国际合著文章的加权份额	每百万居民专利数	每百万居民发表科学论文数	基于人均购买力平价计算的国内生产总值
每百万居民科学家和工程师数	1							
每百万居民研究机构数	0.504(**)	1						
用于研发的公共资金数	0.777(**)	0.502(**)	1					
高等教育毛入学率	0.569(**)	0.332(**)	0.512(**)	1				
国际合著文章的加权份额	0.562(**)	0.332(**)	0.583(**)	0.295(**)	1			
每百万居民专利数	0.734(**)	0.603(**)	0.830(**)	0.340(**)	0.554(**)	1		
每百万居民发表科学论文数	0.760(**)	0.627(**)	0.859(**)	0.476(**)	0.621(**)	0.764(**)	1	
基于人均购买力平价计算的国内生产总值	0.792(**)	0.603(**)	0.795(**)	0.535(**)	0.612(**)	0.742(**)	0.855(**)	1

数据来源：作者的计算。

** 在皮尔逊相关中，相关性在 0.01 置信水平上显著（双尾检验）。

　　第三项检验与时间的一致性有关。每个成分变量的波动性和增长率可能有很大差异,如果一个成分变量有更高的年平均增长率或更强的年波动性,随着时间的推移,在任何特定时刻,它对综合指数的影响可能比其他指标更显著,变化也更明显。因此,我们检验了所构建的方法是否已经考虑到这种可能性(具体结果在这里没有给出)。

　　基于这三项检测,我们可以得出结论,STCI - 02 指数具有内部一致性,其综合值对其成分变量的绝对值并不敏感,所有成分变量的取值范围都可在负值和正值之间变动。如相关系数检验结果所示,所有指标都以相同的(正向的)方向对综合指数产生促进作用。各指标对综合指数的贡献度,不是由它们的绝对值或转换值决定,而是由他们所赋予的权重决定。

加权方案

　　正确选择指标,将其数值转换为通用格式,并检验指标的内部一致性,就可以计算出综合指数。需要注意的是,尽管成分变量以通用单位(如美元或人数)表示时不需要加权,但这些成分变量之间通常是不可比较的,并且,即使在它们被转换为一种通用格式之后,也不能简单地相加或平均。因此,要构建一个综合指数,就必须对这些指标进行加权。下面的方程,显示了我们计算综合指数的方法,以及权重在此过程中的作用:

$$ST_i = \frac{\sum_{j=1}^{J}\left(\dfrac{X_{ij} - \overline{X_j}}{\sigma_j}\right) \cdot W_j}{W}$$

等式中,ST_i 是国家 i 的科技能力指数值,X_{ij} 为国家 i 的 j 指标值,$\overline{Xj}$ 是指标 j 的国际平均值,σj 是指标 j 的标准差,J 是所有指标的总数,Wj 是指标 j 的权重,W 是权重的总和。

有三种方法可用于对不可比较的指标进行加权:

第一种方法,选择无权重(所有指标权重均为 1);

第二种方法,在经过敏感性分析,并通过指标稳健性检验的前提下,可以自主选择权重;

第三种方法,通过因子分析,运用统计学方法推导出权重。

在对多种不同的加权方案综合分析的基础上,我们采用了第二种方法,从促成性指标、资源性指标和嵌入性指标三个维度进行权重分配,但每个维度内的指标没有再被加权。表 A-4 给出了四种可供选择的加权方案,在每种方案中,考虑到资源性指标的适切性,我们都赋予资源性指标比其他两类指标相同或更大的权重。

表 A-4　科技能力指数的加权方案

加权方案编号	促成性指标	资源性指标	嵌入性指标
1	1	1	1
2	1	2	1
3	1	3	2
4	1	4	2

图 A-1 显示了不同的加权方案对综合指数的影响。比

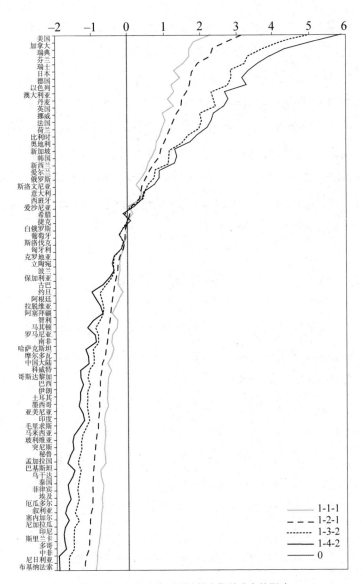

图 A-1　加权方案对科技能力指数分布的影响

较而言,资源性指标和嵌入性指标权重的变化,更容易引起不同国家综合指数曲线的倾斜。换言之,当我们增加资源性指标和嵌入性指标的权重时,综合指数的国际差异就会变得更加明显,即发达国家的综合指数变得更高,而相对落后国家的综合指数变得更低。理想情况下,我们希望尽量减少这种偏差。但与此同时,因为资源性指标最接近于科技能力的直接衡量标准,我们也希望赋予资源性指标更大的权重。因此,我们选择采用第二种加权方案,即赋予资源性指标的权重是其他两个维度指标的两倍。

科技能力指数‐2002

STCI‐02 指数对 76 个国家的数据进行了全面分析(国家的完整排名见表 6‐1)。如第六章所述,我们根据综合指数得分,将调查样本中的国家分为四类:

(1) 如果得分高于国际平均水平一个标准差以上,则视为发达国家。

(2) 如果得分高于国际平均水平,但不高于国际平均水平一个标准差,则视为科技较发达国家。

(3) 如果得分低于国际平均水平,但不低于国际平均水平一个标准差,则视为发展中国家。

(4) 如果得分低于国际平均水平一个标准差以上,则视为落后国家。

　　为了进一步完善分类方案，我们进行了统计聚类分析。① 如图 A-2 所示，图右侧是根据彼此联系的密切程度对

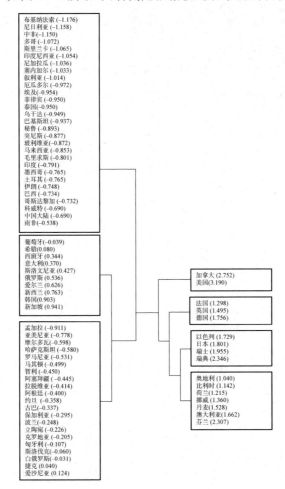

图 A-2　基于全部指数的 76 国关系的聚类分析

① SPSS 被用于进行此分析。

发达国家的聚类,包括四个群组。在与加拿大和美国相连的其他三个发达国家群组中,除了日本和以色列,主要是欧洲国家。其他国家与发达国家的联系,主要是通过美国和加拿大形成弱联系。

在未来的研究中,为了更好地评价每个国家科技能力的表现,将从基础条件、资源和产出等不同维度分别进行深入分析。①

---

① 请联系作者以获取更多信息。

附录 B
访谈名单

我对所有同意接受本书作者访谈的人表示最深切的感谢!

Arthur W. Apter, Department of Mathematics, Baruch College of CUNY, City University of New York, United States

Tran Ngoc Ca, Vietnamese National Institute for Science & Technology Pol-icy and Strategy (NISTPASS), Vietnam

Francisco Chavez-Garcia, Centro de Investigación Sísmica, A.C. Tlalpan, Mexico

Peter L. Collins, Laboratory of Infectious Diseases, National Institute of Allergy and Infectious Diseases, National Institutes of Health, United States

Michael Fehler, Seismic Research Center, Los Alamos National Laboratory, New Mexico, United States

Marco Feroci, Istituto di Astrofisica Spaziale e Fisica

Cosmica di Roma, Italy Joel David Hamkins, City University of New York, College of Staten Island, United States

John Heise, Eramus University National Institute for Space Research (SRON), Netherlands

Robert Hwang, Center for Integrated Nanotechnologies, U. S. Department of Energy's Sandia National Laboratory, United States

Peter Johnston, Evaluation and Monitoring Unit, European Commission, Belgium

Frank E. Karasz, Department of Polymer Science & Engineering, Conte Center for Polymer Research, University of Massachusetts (Amherst), United States

Hans-Dieter Klenk, University of Marburg Virology Institute, Germany

Ulla Lundström, Faculty of Technology and Natural Sciences, Mid-Sweden University, Sweden

Krzysztof Matyjaszewski, Department of Chemistry, Carnegie-Mellon University, United States

Peter Ndemere, Uganda National Science and Technology Council, Uganda Anand Pillay, Department of Mathematics, University of Illinois at Urbana-Champaign, United States

Luigi Piro, Istituto di Astrofisica Spaziale e Fisica

Cosmica di Roma, Italy Elena Rohzkova, Center for Nanoscale Materials, Argonne National Laboratory, United States

Volker Schonfelder, Max Planck Institute of Extraterrestrial Physics, Germany Saharon Shelah, Institute of Mathematics, Hebrew University of Jerusalem, Israel, and Rutgers University, Mathematics Department, New Jersey, United States

S. K. Singh, Instituto de Ingeniería, Universidad Nacional Autónoma de México, Mexico

Gerrit ten Brink, Zernike Institute for Advanced Materials, University of Groningen, Netherlands

Wolfgang Wilcke, Institute of Soil Science and Soil Geography, Bayreuth University, Germany

Eckard Wimmer, Department of Microbiology School of Medicine, SUNY at Stony Brook, New York, United States

后 记

为了完成此书，我花了六年多的时间进行研究和个人访谈。洛克菲勒基金会的全球包容项目（纽约）为本书的写作提供了支持，我非常感谢该项目的主任珍妮特·莫恩（Janet Maughn）对本研究课题的信任、支持和鼓励。如果没有她，这本书就不可能出版了。

这本书的大部分内容是在华盛顿的乔治·华盛顿大学（George Washington University, GWU）国际科学技术政策中心撰写的。非常感谢乔治·华盛顿大学尼古拉斯·沃诺塔斯（Nicholas Vonortas）的支持和鼓励，感谢他为我提供了一个可以写作的"家"。

从 2001 年 9 月到 2004 年春天，我以项目的形式在阿姆斯特丹通信研究学院（ASCOR）和马斯特里赫特大学（Maastricht University, UM）的荷兰科学、技术和现代文化研究生院进行了大量的研究。我在阿姆斯特丹大学的推动者和合作者洛伊特·莱德斯多夫（Loet Leydesdorff）不仅启发了我，而且在完成这项工作所需的材料、工具和想法方面，他也是一位出色的向导。对我来说，是洛伊特·莱德斯多夫将我的设想变成了现实。我还要感谢 ASCOR 院长桑德拉·兹维尔（Sandra Zwier）的支持。

　　我在布鲁金斯学会出版社的编辑玛丽·夸克（Mary Kwak）个人对这本书很感兴趣，并在整个出版过程中对本书进行了极大的改进。

　　还要感谢其他许多人提供的鼓励、支持、反馈和信息。特别感谢加拿大多伦多国际发展研究中心（International Development Research Centre，IDRC）的保罗·杜福尔（Paul Dufour）。他用他惊人的社交网络帮我联系到许多为这个项目提供意见的人，包括加拿大多伦多国际发展研究中心的让伍（Jean Woo）；布莱顿萨塞克斯大学（University of Sussex）的杰夫·奥尔德姆（Geoff Oldham）；秘鲁利马弗朗全国论坛的弗朗西斯科·萨加斯蒂（Francisco Sagasti）；哈佛大学（Harvard University）约翰·肯尼迪政府学院贝尔弗科学技术中心的卡利斯特·朱马（Calestous Juma）；以及加拿大马尼托巴省温尼伯的国际可持续发展研究所的基思·贝赞森（Keith Bezanson）。约瑟芬·斯坦（Josephine Stein，英国东伦敦大学创新研究系）在担任《科学与公共政策》杂志的客座编辑时，向我提出约稿，本项研究工作得以启动。

　　特别感谢欧洲委员会（比利时）评估和监测部门中有远见的彼得·约翰斯顿（Peter Johnston）和他的工作人员。作为该小组项目的一部分，书中大部分论点的理论基础已经成型。

在乔治·华盛顿大学的同事大卫·格里尔(David Grier)、罗伯特·莱克罗夫特(Robert Rycroft)、亨利·赫茨菲尔德(Henry Hertzfeld)、约翰·洛格斯登(John Logsdon)、劳伦·霍尔(Lauren Hall)和克里斯蒂·法内利(Christi Fanelli)都为本研究提供了非常大的帮助。

鲁汶大学(比利时)设计研发指标的政策研究中心的沃尔夫冈·格兰泽尔(Wolfgang Glänzel)、马丁·迈耶(Martin Meyer)及他们的同事在很多方面帮助了我。也要感谢美国作家尼尔·斯蒂芬森(Neal Stephenson),是他首先引导我去了解伦敦皇家学会的故事和夸美纽斯(J. Comenius)在无形学院形成中的作用。

萨塞克斯大学科学和技术政策研究室(英国布莱顿)的研究员、兼任加拿大萨斯喀彻温大学数学与统计学兼职教授的西尔凡·卡茨(Sylvan Katz)非常耐心地指导我研读关于复杂性及其理论的文献。

在写作的过程中,我有幸在凯蒂·博纳(Katy Börner,印第安纳大学,布卢朋顿)组织的研讨会上作了分享,她是科学信息可视化领域一位有远见的领军人物。2006年4月4日,她在纽约科学院邀请一些人员参与了关于该领域发展的研讨会。我在研讨会上遇到的人帮助我实现了可视化研究并整理组织了本书的材料。特别感谢印第安纳大学布卢明顿分校的约翰·伯冈(John Burgoon)和纽约佩利插图公司的布拉德福德·佩利(Bradford Paley),感谢他们为科学地缘分布呈现出了惊人视觉效果。还要感谢来自伊拉斯谟大学(荷兰鹿特丹)的巴伦兹·蒙斯(Barends Mons)提供的灵感,以及来自新泽西州新不伦瑞克的迪克·克拉万斯(Dick Klavans)和凯克文·博亚克(Kevin Boyack),他们帮助阐明了测量和可视化科学的研究方法。

其他朋友和同事也提供了宝贵的和深刻的意见,包括华盛顿特区约翰霍普金斯大学保罗·尼采高级国际研究学院的弗朗西斯·福山(Francis Fukuyama);华盛顿邮报的乔尔·加罗(Joel Garreau);俄勒冈大学(尤金)的皮特·萨特梅尔(Pete Suttmeier)以及佐治亚理工学院(亚特兰大)的菲利普·夏皮拉(Philip Shapira)和苏珊·科津斯(Susan Cozzens)。创新和国际化研究中心(CESPRI-Bologna,Italy)的斯特凡诺·布雷斯基(Stefano Breschi)、弗朗哥·马勒巴(Franco Malerba)和洛伦佐·卡西(Lorenzo Cassi)为网络理论的一些方面提供了帮助,还有沃威大学(英国考文垂)的乔纳森·凯夫(Jonathan Cave)也是如此。罗马意大利国际社会科学自由大学的卢西奥·比吉罗(Lucio Biggiero)提出了重要建议,位于维也纳的联合国工业发展组织(United Nations Industrial Development Organization,UNIDO)的弗朗西斯科·塞尔科维奇(Francisco Sercovich)对一些章节的部分研究提供了支持和建议。还要感谢兰德公司(加州圣莫尼卡)的杰里·索林格(Jerry Sollinger)分享了他将思想组织成好故事的独特能力。

感谢荷兰海牙拉瑟诺研究所的埃德温·霍林斯(Edwin

Horlings)以及我在兰德大学的同事阿林达姆·杜塔（Arindam Dutta）和布莱恩·杰克逊（Brian Jackson）对测量和解读科学能力方面提供的帮助。

在整个课题研究中，我的家人提供了无与伦比的支持。特别是我的兄弟约翰·迪恩·瓦格纳（John Dean Wagner），一如既往地支持我。我的丈夫丹尼斯·麦金托什（Dennis McIntosh）和我的孩子们茱莉亚（Julia）、格雷格（Greg）和诺拉（Nora）都给了我无条件的支持。我要将这本书献给我珍视的妹妹——玛丽·帕特·瓦格纳（Mary Pat Wagner），她在我写作这本书的期间去世了。

还要感谢国会图书馆和伦敦皇家学会工作人员在查阅珍稀书籍时提供的帮助。